U0194737

怦然心动的多肉植物，专业精美的多肉图鉴，给你非同一般的多肉观赏和种植乐趣

多肉植物
彩色全图鉴

心动
珍藏版
ZHENCANGBAN

王意成　张华 ⊙著

中国水利水电出版社
www.waterpub.com.cn

·北京·

内 容 提 要

多肉植物植物又被称为"懒人植物"，它们耐干旱、耐高温，适应性强，在各种环境下都能顽强地生长，这使它们深受大众喜欢。多肉植物不仅种类繁多，而且各有特色，好似士兵的仙人柱威武雄壮，莲花般的石莲、黑王子、大和锦和雪莲，蝴蝶一样的蝴蝶兰……一个个都彰显着个性，充满了魅力。

全球的多肉植物有一万多种，共有仙人掌科、番杏科、大戟科、景天科、独尾草科、萝藦科、龙舌兰科、菊科、凤梨科等一个多个科，最常见的有仙人掌科、景天科、百合科和大戟科。它们的主要产地有非洲、南美洲和墨西哥。其中仙人掌科种类最多，常被单独列出来称为"仙人掌类"。

本书适合于植物爱好者尤其是多肉爱好者，可作为想要种植多肉植物的爱好者们的工具书和科普读物。

图书在版编目（CIP）数据

多肉植物彩色全图鉴/王意成，张华著. —— 北京：
中国水利水电出版社，2017.5
ISBN 978-7-5170-5196-1

Ⅰ. ①多… Ⅱ. ①王… ②张… Ⅲ. ①多浆植物－观
赏园艺－图集 Ⅳ. ①S682.33-64

中国版本图书馆CIP数据核字(2017)第030877号

策划编辑：杨庆川　　　责任编辑：杨元泓　　　加工编辑：张天娇

书　　名	多肉植物彩色全图鉴 DUOROU ZHIWU CAISE QUAN TUJIAN
作　　者	王意成　张华　著
出版发行	中国水利水电出版社 （北京市海淀区玉渊潭南路 1 号 D 座　100038） 网址：www.waterpub.com.cn E-mail：mchannel@263.net（万水） 　　　　sales@waterpub.com.cn 电话：(010) 68367658（发行部）、82562819（万水）
经　　售	全国各地新华书店和相关出版物销售网点
排　　版	北京创智明辉文化发展有限公司
印　　刷	北京旭丰源印刷技术有限公司
规　　格	170mm×240mm　16 开本　24 印张　373 千字
版　　次	2017 年 5 月第 1 版　2017 年 5 月第 1 次印刷
印　　数	0001—8000 册
定　　价	99.00 元

凡购买我社图书，如有缺页、倒页、脱页的，本社发行部负责调换

版权所有·侵权必究

多肉植物因其美丽可爱、肉肉萌萌的特质风靡全球，深受广大植物爱好者的喜爱，被广泛用于装饰客厅、阳台、书桌、办公室、会所、宾馆、商场、店铺等场所。它们被称为"有生命的工艺品"。

多肉植物又被称为"懒人植物"，它们耐干旱、耐高温，适应性强，在各种环境下都能顽强地生长，这也是它们深受喜爱的原因之一。

全球的多肉植物有一万多种，共有仙人掌科、番杏科、大戟科、景天科、独尾草科、萝藦科、龙舌兰科、菊科、凤梨科、鸭跖草科、夹竹桃科、马齿苋科、葡萄科、风信子科、酢浆草科、荨麻科、石蒜科、苦苣苔科、唇形科、胡椒科等一百多个科，最常见的有仙人掌科、景天科、百合科和大戟科。它们的主要产地有非洲、南美洲和墨西哥。其中仙人掌科种类最多，常被单独列出来称为"仙人掌类"。

多肉植物不仅种类繁多，更是各有特色，形似屁股的生石花圆润可爱，好似士兵的仙人柱威武雄壮，莲花般的石莲、黑王子、大和锦和雪莲，蝴蝶一样的蝴蝶兰，小巧的白玉兔、松绿，美丽的白银寿、翡翠珍珠、冬美人，色彩绚丽的五色万代锦……一个个都彰显着个性，充满了魅力。

如今，种植多肉植物已成为时尚的象征和个性的代表，火爆的市场将千千万万的多肉植物送到每一位喜爱者的手中，你还在犹豫什么呢？

目录 CONTENTS

Part 3　番杏科

Part 4 百合科

Part 5 大戟科

Part 6 龙舌兰科

什么是多肉植物

　　多肉植物是多年生肉质植物的简称，又称肉质植物、多浆植物或多肉花卉。多年生是指能连续生活多年，肉质是指植物营养器官肥大、有肉质感，通常有根、茎、叶三种营养器官和花、果实、种子三种繁殖器官。

　　严格来讲，多肉植物并不是一个严谨的、符合生物学术理论的分类，只是基于外表的形态特征进行的分类。就好比社会上的"高富帅"和"矮矬穷"的分类，只要看起来符合标准定义，就可以称之为这一名称。

　　多肉植物有许多共性特征。

　　首先是某一营养器官肥厚多汁。多肉植物的营养器官具有发达的薄壁组织，可以大量地储存水分，最著名的就是沙漠里的仙人柱了。所以多肉植物大多十分耐旱，有的一个月或几个月不浇水也没事。

　　其次是多肉植物的茎千变万化，通常我们见到的植物，茎大多是圆柱状，用来传输营养和水分供给叶子、花朵和果子。但多肉植物的茎却是变化多端，有的是球状，有的

多肉简介

景天科

番杏科

百合科

大戟科

龙舌兰科

仙人掌科

其他科

是三角形，有的是椭圆形，有的是方形，有的是多棱体，有的是山峦形。所以多肉植物具有很高的盆景价值和观赏价值。

　　第三是多肉植物的形态十分奇特。多肉植物有的是茎大，有的是叶肥，但不管哪一种，它的形态都十分特别，没有一模一样的。比如生石花别名叫屁股花，就是因为它的外形好似两瓣屁股；再比如石莲花，外形就好似石雕的莲花，优美雅观；还有婴儿手指，它的形状就跟婴儿的手指一样，肥嘟嘟的，十分可爱。除此之外，还有标准球形的晃玉，圆柱形的将军阁，似龟甲的龟甲龙，似睡袋的睡布袋，小兔子一样的白玉兔，刀片状的神刀等。

　　全世界多肉植物共有一万余种，根据瑞士国际多肉植物协会总部的统计，多肉植物在植物分类上的范围已增至一百多个科，常见的科有仙人掌科、番杏科、大戟科、景天科、龙舌兰科、菊科、凤梨科、夹竹桃科等三四十个科，最常见的有仙人掌科、景天科、百合科和大戟科。

　　主要原产地是非洲、南美洲和墨西哥，日本、韩国和欧洲则有许多杂交品种。

　　常见的多肉植物有一千多种，它们多用来装饰客厅、办公室、茶几、书桌，大型的多肉植物多栽植于庭院、花坛和植物园，供人观赏。

多肉植物为何会流行

现如今，无论是在花卉市场、大小商店，还是在家里的客厅、阳台，你都能看到多肉植物的影子，多肉植物已经无声无息地"占领"了各个角落，那么，多肉植物为什么这么火呢？

1. 萌死人不偿命

现在社会最流行的元素就是"萌"了，萌妹子、萌宠、萌娃，所有只要带"萌"的生物都大受欢迎，多肉植物更是"萌"到家了。它那肉肉的身材、小巧的造型、绚丽的颜色，无时无刻不在展示自己的萌和美丽，让人爱不释手。

2. 易活

养植物最怕的就是养什么死什么，但是多肉你不用怕，多肉植物又被称为"懒人植物"，它耐干旱、耐高温，适应能力强，生存能力强，你不需要对它特别精心地呵护，它就可以长得很好。如果你出差或者忘了，好几个月不浇水，它也能好好地活着。

3. 好处多多

大部分的多肉植物都有吸收二氧化碳和甲醛、净化空气、改善环境质量的功能，这十分符合现代人养生的生活观念。

多肉简介

景天科

番杏科

百合科

大戟科

龙舌兰科

仙人掌科

其他科

4. 品种多样

全球的多肉植物有一万多种，围起来能"绕地球一圈"，如此多的品种，总有一款适合你。

5. 有个性

多肉植物不仅种类多，其姿态色彩也千变万化，有高的，有低的，有大的，有小的，有胖的，有瘦的，有圆的，有扁的，有绿色的，也有红色的，有特别的屁股形状的，也有假山形状的，有龟甲形状的，也有莲花形状的，还有兔子形状的和老翁形状的，实在让人眼花缭乱又都个性十足。

多肉植物的分类

全世界多肉植物共有一万余种，主要分布于非洲、南美洲和北美洲，常见的科有40多个。

百合科

百合科植物归于单子叶植物类，有230个属4000种，在全球均有分布，主要生于亚热带和温带地区。百合科是个庞大的科，多肉植物多集中在芦荟属、沙鱼掌属和十二卷属等14个属。多数为多年生草本，少数为灌木或乔木。叶片基生、茎生，多为互生，少有轮生，有根状茎、鳞茎、球茎或块茎，花序多样，多为总状花序、圆锥状花序。常见科属有芦荟属、沙鱼掌属、十二卷属等。

沙鱼掌属：多产自纳米比亚、南非，有80余种。主要特征为叶片坚硬肥厚，舌状，互生，叶面光滑圆润，深绿色或淡灰绿色，有白色小疣点；圆锥花序或总状花序，花筒状或管状。常见的品种有卧牛、子宝等。

芦荟属：产地为马达加斯加、南非、阿拉伯半岛等，有300余种。主要特征多为无茎或短茎，呈莲座状，多常绿草本，也有小灌木；圆锥花序或总状花序，花黄色或红色。常见的品种有好望角芦荟、绫锦、不夜城等。

十二卷属：多产自南非和莫桑比克，有150余种。主要特征为常群生，植株较小，叶色彩多样，有密集细小的疣点；总状花序，小花漏斗状或管状。常见的品种有京之华锦、琉璃殿、条纹十二卷、白银寿等。

多肉简介

景天科

番杏科

百合科

大戟科

龙舌兰科

仙人掌科

其他科

大戟科

大戟科植物多生长于热带和亚热带地区，属双子叶植物，近300个属5000种。其中有4个属为常见的多肉植物。大戟科多肉植物包括乔木、草本或灌木植物，体内常有白色乳液，花单性，雌雄同株或异株，通常为总状花序或聚伞花序。叶片一般为单叶，互生，少有对生或轮生，常为鳞片状，边缘有锯齿。常见的科属有翡翠塔属、大戟属、红雀珊瑚属。

翡翠塔属：产地为东非、纳米比亚、南非，有150余种。主要特征为茎基粗壮，叶片鳞片状或肉质，易脱落；花朵外有黄绿色或橙褐色杯状苞片。常见的品种有将军阁、翡翠柱等。

大戟属：多产自非洲南部、印度，约有2000种。主要特征为茎肉质肥厚，叶对生或互生，带边齿，多为灌木或草本植物；伞形花序或聚伞花序，腋生或顶生。常见的品种有大戟阁、铜绿麒麟、峨眉之峰等。

红雀珊瑚属：多产自墨西哥、美国。主要特征为多灌木，多分枝，丛生状，叶互生，卵状或卵圆形；聚伞花序。

番杏科

番杏科主要产自非洲南部，也产于亚洲热带、南美洲等地，有130个属1200种。国内栽培的品种主要有生石花属、肉锥花属、露子花属、日中花属、虾钳花属等。番杏科多是一年生或多年生草本或半灌木。叶互生或对生，常单叶，肉质或退化为鳞片，常无托叶。二歧聚伞花序或顶生单枝聚伞花序，花两性，整齐，单生或腋生。常见科属有肉锥花属、肉黄菊属、生石花属。

肉锥花属：产地为纳米比亚和南非，有近300种。主要特征为株小，倒圆锥形或球形，顶面有深浅不一的裂缝，叶对生，半球形或耳形；花单生，雏菊状。常见的品种有少将、翡翠玉等。

肉黄菊属：产地为南非，有30余种。主要特征为叶十字交互对生，肉质肥厚，基部联合，先端三角形，叶缘有牙齿状肉刺；花雏菊状。常见的品种有荒波、狮子波等。

生石花属：产地为南非和纳米比亚，有40余种。主要特征为根状茎肥厚柔软，叶似卵石状，对生，基部联合，顶部有裂缝；花雏菊状，单生。常见的品种有李夫人、朱弦玉等。

景天科

景天科植物在全球都有分布，约有35个属，主要集中在南非地区，我国约有10个属。该科植物多生长于干地或石头上，种类是多年生肉质草本、半灌木或灌木，茎、叶多肉质肥厚，有毛或无毛，颜色多样。叶子形状不一，互生、对生或轮生，全缘或稍有缺刻。花序有总状花序、聚伞花

序、伞房状花序、穗状花序或圆锥状花序，有时单生，花色丰富。比较普遍的有石莲花属、天锦章属、伽蓝菜属、景天属、青锁龙属、莲花掌属。

景天属：产地为北半球的山区，有400余种，多为亚灌木或草本，叶互生，有的呈覆瓦状排列；伞房花序或圆锥花序，花星形。常见的品种有黄丽、小松绿、乙女心等。

石莲花属：产地为墨西哥、美国等。主要特征为叶片呈莲座状排列，叶面有白粉或短毛，叶色多样；聚伞花序、总状花序或圆锥花序。常见的品种有黑王子、吉娃莲、雪莲、玉蝶等。

青锁龙属：产地为马达加斯加、非洲等，有150余种。主要特征为叶片通常呈莲座状排列，但变化较大；花有星状、筒状或钟状。常见的品种有筒叶花月、神刀、纪之川等。

莲花掌属：产地为非洲、北美洲等，有30余种。主要特征为叶片在茎顶呈莲座状排列；圆锥花序、聚伞花序或总状花序，顶生花星状。常见的品种有黑法师、清盛锦、花叶寒月夜等。

天锦章属：产地为非洲南部等，有30余种。主要特征为叶片厚实，簇生；穗状聚伞花序，花管状。常见的品种有御所锦、银之卵、天章、翠绿石等。

伽蓝菜属：产地为亚洲、非洲等，有130余种。主要特征为叶交互对生或轮生，也有少量羽状复叶，茎肉质；圆锥花序，花钟状、管状或坛状，开4裂。常见的品种有仙女之舞、落地生根、扇雀等。

仙人掌科

仙人掌科植物大多原产于美洲热带、亚热带沙漠或干旱地区，有140个属2000余种，多数为草本植物，少数为乔木或灌木植物。茎肉质，形状有柱状、球状或扁平，多有分枝或关节。茎上刺座呈螺旋状排列，其上着生有毛、刺、钩毛或腺体、花或芽。花通常辐射对称或两侧对称，两性，白天或夜间开放。常见的科属有仙人球属、子孙球属、仙人掌属、星球属、裸萼球属等。

仙人球属：产地为南美洲等，有近150种。主要特征为植株短圆筒状或球状，多子球，直棱，棱脊较高，有坚硬短刺；花喇叭状至钟状，侧生，多为白色，也有其他颜色。常见的品种有短毛球、世界图、仁王球等。

子孙球属：又名宝山属，产地为玻利维亚、阿根廷等，约有40种。主要特征为植株球形至圆筒形，多数有疣突，易生子球，有许多短刺；花为喇叭状。常见的品种有子孙球、黑丽球等。

仙人掌属：产地为美洲及西印度群岛等，约有200种。主要特征为植株常为扁平状，也有圆筒状或球状，部分有分枝，表面覆刺或钩毛；花碗状或漏斗状，多单生于刺座，侧生，花黄色或红色。常见的品种有仙人掌、黄毛掌等。

星球属：产地为美国和墨西哥等。主要特征为茎球形或半球形，易生子球，有棱，密生刺，花漏斗形。常见的品种有兜、琉璃兜、鸾凤玉等。

裸萼球属：产地为巴西、巴拉圭、玻利维亚等，有50余种。主要特征为棱被横沟分割成颚状突起。花杯状，顶生，花苞表面平滑。常见的品种有瑞云锦、绯花玉、牡丹玉、蛇龙球等。

龙舌兰科

龙舌兰科植物大约有20个属，多数为多年生肉质植物，生长于热带或亚热带地区，植株形态不一，有高大型的，也有小型的。龙舌兰科植株成熟后，会生长出很大的花序，有一大部分植株一生只开一次花，但开花的过程很长，大约一两年左右，当花朵盛开后，植株就会逐渐枯死。龙舌兰科植物一般有肥厚的叶子，有些叶片中含有丰富的纤维。常见的科属有虎尾兰属、龙舌兰属、酒瓶兰属等。

虎尾兰属：产地为非洲、印度等，约有60种。主要特征为叶子直长，圆柱状或扁平状，多纤维质地，常有绿色或黄色的横带；圆锥花序或总状花序，花筒状，绿白色。常见的品种有虎尾兰、金边虎尾兰、美叶虎尾兰等。

龙舌兰属：产地为南美洲、北美洲等，约有200种。主要特征为叶生于茎基部，叶缘和叶尖多有褐色硬刺；总状花序或圆锥花序，花漏斗状。常见的品种有龙舌兰、吉祥天锦、五色万代锦等。

酒瓶兰属：产地为美国和危地马拉等，约有30种。主要特征为叶片簇生于茎干顶端；圆锥花序或总状花序。常见的品种有酒瓶兰等。

马齿苋科

马齿苋科有20个属近500种,主要产自于南非和美洲的干旱地区,耐旱,生长力旺盛,储水功能强大。多分枝,叶片互生,呈倒卵形,花多为黄色。常见的科属有马齿苋属、回欢草属等。

马齿苋属:产地为热带、亚热带地区。主要特征为草本植物,多斜生或匍匐生长,叶扁平。常见的品种有金钱木、金枝玉叶等。

回欢草属:产地为纳米比亚和南非等,约有50种。主要特征为株小叶小,平卧生长,有托叶,纸质或丝状毛;总状花序。常见的品种有吹雪之松锦等。

菊科

菊科广布于全球,多草本植物,少数为灌木和乔木植物,叶子互生,头状花序,花管状。常见的科属有千里光属、厚敦菊属。

厚敦菊属:产地为纳米比亚和南非等,约有150种。主要特征为有块根,叶交互对生或簇生,线状、棒状或扇形,叶缘浅裂或全缘;头状花序,花黄色或白色。常见的品种有紫玄月、棒叶厚敦菊等。

千里光属:产地为非洲和墨西哥等。主要特征为植株低矮,匍匐或直立生长,叶互生;头状花序,花色多种。常见的品种有新月、紫蛮刀、翡翠珍珠等。

多肉植物的栽培和护理

多肉植物需要哪些工具

俗话说"磨刀不误砍柴工"，准备好工具，栽培多肉植物才能事半功倍。

花盆是种植多肉植物必需的工具。花盆有塑料盆、素烧瓦盆、紫砂盆、陶瓷盆和木盆等，不同材料的花盆有不同的特性，如排水性、透气性、保温性及散热性。种植者要根据多肉植物的喜好来选择不同特性的花盆，还要根据多肉植物的根系长短及生长快慢来选择花盆的高矮和大小。此外，种植者还要对花盆的颜色、造型、材质和植物品种的搭配有一定的审美能力。

塑料盆：色彩及造型多样，排水透气性能比较差，适合喜欢温暖湿润环境的娇小植物，易风化，可以短期使用。

素烧瓦盆：散热比较快，排水透气性能好，适合各种植物。可以放于阳台上使用，但不适合室内盆栽。

紫砂盆：质地好，显得优雅，排水透气性能较好，仅次于素烧瓦盆，适合对土壤排水透气性要求不严格的植物，适合放于客厅。

陶瓷盆：外形美观，排水透气性能次于紫砂盆，适合对土壤排水透气性要求低的植物，可以在室内使用。

木盆：易腐烂不耐用，排水透气性好，适合栽培不易生病虫害的植物。

选择花盆的高矮大小时，一般遵循"高个子植株用深盆、矮个子植株用浅盆"的原则。

从审美的角度来说，多肉植物和花盆的颜色要形成差别，这样能更好地衬托出多肉植物的特色。一般来说，黑白色的花盆适用范围很广；本色陶瓷盆是百搭花盆，可以搭配各种植物；景天科多肉植物不要用过于花哨的花盆，否则会喧宾夺主；小叶植物不适合种在有碎花图案的花盆中，否则显得很小气。

其他还需要花标、签字笔、喷水壶、气压喷水壶、花洒、小铲子、涂胶网格布、小刷子、注射器、量杯、量勺、镊子、备用水壶、鱼线（做无性繁殖时可以用来"砍头"）、铜丝、跳线（绑扎时用）、竹签（支撑作用）、一次性勺子等工具。

多肉植物如何配土

多肉植物的栽培土壤有泥炭土、腐叶土、培养土、沙、苔藓、珍珠岩、火山岩、蜂窝煤、赤玉土、蛭石等材料，有多种土壤混合的配方，根据不同的植物选择不同的配方。

（1）泥炭土+粗砂+珍珠岩+园土按照1:1:1:1的比例混合，适用于大多数多肉植物。

（2）粗砂+腐叶土+珍珠岩+泥炭土按照2:2:1:1的比例混合，适用于大多数多肉植物。

（3）泥炭土+颗粒土+粗砂+蛭石按照1:2:6:1的比例混合，适用于肉质根、生长慢的多肉植物。

（4）泥炭土+珍珠岩+粗砂按照6:2:2的比例混合，适用于根部较细的多肉植物。

（5）腐叶土+粗砂+园土+谷壳炭+碎砖渣按照2:2:1:1:1的比例混合，适用于茎干状多肉植物。

（6）腐叶土+粗砂+谷壳炭按照2:2:1的比例混合，适用于小型叶多肉植物。

（7）泥炭土+颗粒土按照1:1的比例混合或泥炭土+粗砂+颗粒土按照6:2:2的比例混合，适用于生长速度快的多肉植物。

（8）泥炭土+粗砂+颗粒土按照1:1:1的比例混合或泥炭土+粗砂+颗粒土按照2:2:6的比例混合，适用于生长两年以上的多肉植物。

多肉植物如何施肥

多肉植物大多对肥料的要求不是很高，一般的肥料有氮磷钾的15~15~30型的专用肥和20~20~20型的通用肥，以及花宝专用肥1号7~6~19和2号20~20~20，还有腐熟的稀薄液肥、有机肥、饼肥水以及动物粪便等。

氮磷钾15~15~30专用肥是低氮高磷钾肥料，适合在开花前期或开花期间的多肉植物使用，可以起到让花色更加艳丽以及增加开花数量的作用。

氮磷钾20~20~20通用肥的氮、磷、钾含量均比较高，使用范围比较广泛，适用于

多肉简介

景天科

番杏科

百合科

大戟科

龙舌兰科

仙人掌科

其他科

植物的各种生长阶段。

　　花宝专用肥1号不仅可以强健植株，而且还可以促进扦插植物的生根，适用于室内栽培。

　　花宝专用肥2号的氮、磷、钾的比例配制比较均衡，使用范围比较广，适用于多肉植物生长的各个阶段。

　　还有一些生活小技巧，比如废弃的鱼骨、蛋壳、鱼鳞以及剪下的头发、指甲放在土壤中经过发酵就是磷肥；淘米水混合面汤放置半个月后就是腐熟的稀薄液肥；淘米水和洗奶瓶水经过发酵就是钾肥；茶叶渣、中药的根部、药渣也是很好的花肥。

　　多肉植物不宜施浓肥，要遵循"宁淡勿浓"的原则，可以一次施少量，分多次施肥。如用油粕饼施肥的时候，可以先将油粕饼分水，然后加水10倍左右充分腐熟之后，再取清液稀释30倍使用。其他肥料也遵循同样的原则。新上盆的多肉植物一个月之内不要施肥。

多肉植物如何浇水

　　多肉植物大多耐干旱，对水量要求不高，要根据不同种类植物的生长习性来确定浇水量的多少。有些多肉植物还有休眠期，一般分为夏季休眠型和冬季休眠型，休眠期应该减少或停止浇水。在生长期，一般采取"干透浇透"的原则。

多肉植物的日照

充足的日照会使多肉植物生长得更健壮且不易生虫害，日照不足的多肉植物会状态不佳，抵抗力下降，产生枝叶徒长等现象，严重的甚至会得病死亡。但也严禁将其置于烈日下暴晒，夏季高温时要做好防晒通风工作。

多肉植物的适宜温度

大多数情况下，多肉植物的最佳生长温度是10~30℃。夏季温度如果超过35℃，大部分多肉植物会进入休眠状态。根系会停止吸收水分，也会停止生长，因此这时要停止浇水，否则就会造成植株腐烂。冬季温度过低时，大部分多肉植物也会进入休眠状态，低于0℃时可能会出现冻伤，这时也要停止浇水，以免冻伤多肉植物的根系，同时应将多肉植物移至室内，做好保暖工作。

在日常的养护中，还需要对多肉植物进行通风，修剪枝叶、茎干、根部，摘心，摘蕾，剪花茎，防止病虫害等工作，以确保多肉植物能健康地生长。

多肉植物的繁殖

多肉植物一般有播种、扦插和分株的繁殖方式。

播种

播种即直接通过种植种子的方式来养殖多肉植物，适合产业化商品生产和资深养殖者，不建议初学者使用。

播种时的气温宜在10~30℃。将土壤配好，消毒，装入育苗盒浸盆吸水，用牙签尖将种子一粒一粒沾到土壤表面，盖上育苗盒放到散射光处。一周后掀开盖子，将发芽的种子移苗即可。

扦插

扦插有叶插、枝插和根插三种方法，是多肉植物最普遍的繁殖方式。

多肉简介

景天科

番杏科

百合科

大戟科

龙舌兰科

仙人掌科

其他科

（1）叶插

取健康的叶片插入或放在干燥的土壤表面，放在散射光下，注意此前不可浇水。约10天后，叶片就会生出根系或嫩芽，及时将根系埋入土中，露出小芽，少量浇水，并将植物慢慢移到阳光下即可，初期要避免强光照射。

（2）枝插

取健康的分枝放在通风处3~5天晾干，插入土中，浇少量水即可。

（3）根插

将成熟的肉质根切下埋在土壤中，上部稍微露出，保持湿润和充足的光照即可。

（4）分株

将爆盆的多肉植物倒出来，清除掉根系的全部土壤，然后一棵一棵往下掰。掰的时候一定要小心，尽量避免伤到根系。选择健康强壮的幼株，将幼株（包含根系）栽入土壤中，浇适量水即可。

多肉植物的常用术语

若你是一个新手，对多肉植物还不是很了解，那么你应该先了解一下多肉植物相关的专业术语。下面介绍一些经常用到的多肉术语。

植株形态类术语

单生：植株不产生分枝和子球，茎干单独生长，比如金琥和翁柱。

群生：茎干分枝密集或子球多，比如松霞、茜之塔。

子球：植株的球状母体上长出的小球，可用于嫁接或扦插繁殖。

软质茎：茎部肉质比较柔软，含水量较高，比如鸟羽玉、松霞。

硬质茎：茎部肉质比较坚硬，比如帝冠、岩牡丹属。

攀援茎：植株需攀援他物生长，比如龟甲龙。

直立茎：茎干直立向上生长，比如老乐柱。

肉质茎：茎肥大多汁，内贮大量水分和养料。

叶状茎：又称叶状枝，是具有叶的形态和功能的一种茎，比如令箭荷花、蟹爪兰。

气生根：由地上部茎所长出的根，比如昙花。

块根：呈块状或纺锤状的一种变态根，比如断崖女王。

软质叶：植物叶片易折、柔嫩多汁，比如玉露。

硬质叶：植物叶片肥厚坚硬，比如琉璃殿、条纹十二卷。

莲座叶丛：植物叶片呈莲花座状排列，比如石莲花。

叶痕：叶脱落后在茎枝上所留下的叶柄断痕，比如巨琉桑。

棱：又称肋棱，突出于肉质茎的表面，多为竖棱或螺旋状排列，比如金赤龙。

多肉简介
景天科
番杏科
百合科
大戟科
龙舌兰科
仙人掌科
其他科

疣状突起：又称疣突、突起、疣粒，比如日之出球。

刺座：又称网孔，多生于棱上的一种器官，着生刺和毛，有的还着生花朵、子球和分枝，比如赤凤。

周围刺：又称周刺、侧刺、放射状刺，一般数目较多且较细或短，常紧贴茎部表面，比如金晃、松霞。

中刺：着生在刺座中央的直刺，一般数目少，比如琉璃丸。

锦：又称彩斑、斑锦，茎部的局部或全体丧失了制造叶绿素的功能，而其他色素相对活跃，使茎部表面出现黄、红、白、紫、橙等色或色斑，比如伟冠龙锦。

缀化：又称带化、扁化或冠，是一种不规则的变异现象，通常长成鸡冠形或扭曲卷叠的螺旋形，比如弯凤玉缀化。

石化：又称畸形，指生长锥出现不规则的分生和增殖，造成棱肋错乱，形似岩石状或山峦重叠状的畸形变异，比如福禄寿。

狂刺：植株的刺呈不规则的弯曲，似刺猬。

恩冢：球体的卷毛连成片布满整个球体，比如恩冢般若。

琉璃：仙人掌球体表面光滑、无色斑、无星点，比如四角琉璃鸾凤玉。

龟甲：植株表面有龟甲似的沟壑形似龟背，比如龟甲牡丹。

覆隆：球体的棱沟间生有不规则的条体隆起。

黄体：仙人掌球体的表面出现通体黄色的现象，比如山吹。

黄化：由于缺乏光照，植物茎部过度生长和叶片褪色变黄的现象。

窗：植物叶面顶端有透明或半透明部分，形似窗户，比如玉扇。

花座：专指仙人掌科植物顶部细刺和绵毛形成的圆柱体，比如层云。

两性花：一朵花中兼有雄蕊群和雌蕊群。

雌雄异株：单性花分别着生于不同的植株上，由此分出雄株和雌株。

夏型植物：又称冬眠型植物，植物生长期在夏季，冬季休眠。

冬型植物：又称夏眠型植物，植物生长期在冬季，夏季休眠。

休眠：植物处于自然生长停顿状态，还会出现落叶或地上部死亡的现象。常发生在冬季和夏季。

吸芽：又称分蘖，植物地下茎的节上或地上茎的腋芽中产生的芽状体，比如石莲花。

叶齿：植物叶缘的肉质刺状物，比如芦荟。

芽变：单个植物的营养体出现变异，并可以用无性繁殖的方法遗传保存下来的性状，比如斑锦和扁化。

变态：有变态根、变态茎、变态叶，指植物的营养体形态发生大的变异，比如仙人掌科植物的叶变异成刺、根部膨大成块状等。

突变：植物的基因发生突然改变，使植株出现新的特征的现象，且这种新的特征可以遗传于子代中。多肉植物还可以通过嫁接的方法把新的特征固定下来。

多肉简介

景天科

番杏科

百合科

大戟科

龙舌兰科

仙人掌科

其他科

栽培类常用术语

片叶插：一种繁殖方法。将多肉植物叶片的一部分插于基质中，促使生根，长成新的植株，比如虎尾兰。

叶插：一种繁殖方法。将一个完整的叶片插于土壤中，长成新的植株，比如翠花掌、翡翠殿。

枝插：又称茎插，一种繁殖方法。将植物的茎截掉部分插入土壤中培育，长成新的植株，比如红怒涛、白雀珊瑚等。

根插：一种繁殖方法。选择植株较发达的根系截掉部分插入土壤中培育，长成新的植株，比如龟甲龙、玉扇。

嫁接：一种繁殖方法。把母株的茎、子球或疣突接到砧木上使其结合成为新植株。用于嫁接的茎、子球或疣突叫做接穗，承受接穗的植物叫做砧木。比如绯牡丹，嫁接的红球就是接穗，绿色的砧木叫做量天尺。

砧木：又称台木，植物嫁接时承受接穗的植株。常用的砧木有量天尺和霸王鞭等。

更新：通过重剪和剪除老枝等修剪手段，促使新的枝条生长。

摘心：为了避免多肉植物生长过快，在生长过程中摘取其生长过快的部位。多是摘取部分茎部顶端，方便多分枝、多开花，比如长寿花、白雪姬、碧雷鼓、吊金钱等。

摘蕾：又称除芽，除去新生的小嫩枝或过多的侧芽，减少不必要的养分消耗，让主芽更好地发育，比如红卷绢、狐尾龙舌兰。

强剪：将整个植株剪掉，只留10~20厘米的基部主干，促使主干萌发新枝。强剪主要适用于生长势头极度衰弱或植株过高的植物，比如非洲霸王树、红雀珊瑚等。

多肉简介

景天科

番杏科

百合科

大戟科

龙舌兰科

仙人掌科

其他科

疏剪：修剪不规则的交叉枝、过密的重叠枝、不宜利用的枯枝、徒长枝、病虫枝等，保持植物的外形整齐美观，多适用于鸡蛋花、沙漠玫瑰、仙女之舞等。

分株：一种繁殖方法。将丛生的植株分成小株移植。分株是最简单、最安全的繁殖方法，还可以保持斑锦等变异品种的纯正性。适合群生状如有莲座叶丛的品种，比如卧牛等。

土壤类常用术语

肥沃园土：菜园或花园中经过施肥、改良的肥沃土壤，再经过打碎、过筛后的无杂草根、碎石和虫卵的微酸性土壤。

腐叶土：由枯枝落叶和腐烂的根组成的营养土，偏酸性，富含腐殖质和良好的保肥、保水性能。栎树林等落叶阔叶林下的腐叶土最好，其次是常绿阔叶林和针叶林下的腐叶土。

培养土：将枯叶、青草、打碎的树枝与普通园土混合，浇入鸡粪、猪粪或腐熟饼肥等发酵、腐熟后，再打碎过筛形成培养土。此土含有丰富的养料，有较好的持水、排水能力，透气性好。

泥炭土：古代湖沼地带埋藏的植物，在淹水和缺少空气的条件下，经过积累形成的土壤，呈酸性或微酸性，其有机质丰富，吸水力强，难分解。

沙：沙粒，中性，具有通气和透水的作用。

苔藓：一种植物性材料，白色，长且粗，耐拉力强，具有疏松、透气好和保湿性强等特点。

蛭石：云母状物质，由硅酸盐材料高温加热形成，孔隙度大、通气性好和持水能力强，但不宜长期使用。

珍珠岩：由粉碎的岩浆岩加热膨胀形成的铝硅化合物，具有封闭的多孔性结构，通气良好，质地轻且均匀，但保湿、保肥能力较差。

火山岩：火山爆发后形成的多孔形石材，含丰富的矿物质，透气性强，稳定性好，但成本高。

蜂窝煤：烧制过的蜂窝煤中和雨水后形成的物质，需敲碎后晒出颗粒才能使用，透气性强。

赤玉土：由火山灰堆积而成的一种土壤，是高通透性的火山泥，暗红色圆状颗粒，没有有害细菌，pH值呈微酸性。其形状有利于蓄水和排水，效果可以与泥炭媲美。

绿沸石：具有防倒伏、控制肥效和保水等作用，并且能很好地协调、相容环境，孔道大小均匀，尺寸固定，形状规则，因此吸附具有选择性，即具有分子筛、离子筛功能，是培养植物的好助手。

鹿沼土：一种产于火山区的罕见物质，是由下层火山土生成，呈火山沙的形式。pH值呈酸性，有很高的通透性、蓄水力和通气性。鹿沼土的尺寸并不十分一致，有许多孔眼。

草炭土：由草类植物腐化炭化形成的土，十分滋养植物，在挑选时以长纤维的为佳。

麦饭石：火山喷发形成的混合岩石，灰黑色石质上有点点白斑，偶尔还会呈现出黄色、灰绿色等颜色，状如麦饭，因此得名。麦饭石有吸附杂质的功效，也蕴含多种微量元素。

病虫害常见术语

红蜘蛛：该虫会吮吸幼嫩茎叶的汁液，使茎叶出现黄褐色斑痕或枯黄脱落，主要危害大戟科、仙人掌科、萝藦科、百合科和菊科的多肉植物。有此害虫的植株叶背常有蜘蛛网或小虫子，可用40%三氯杀螨醇1000~1500倍液喷杀，并采取降温、通风措施。

介壳虫：该虫吸食茎叶汁液，致使植株生长不良，甚至枯萎，主要危害龙舌兰属、花座球属、天轮柱属、花球属、仙人掌属、十二卷属的多肉植物。可用速扑杀800~1000倍液喷杀。

多肉简介

景天科

番杏科

百合科

大戟科

龙舌兰科

仙人掌科

其他科

粉虱：该虫寄生在植株的幼嫩部分，刺吸汁液，致使植株生长衰弱，叶片发黄、脱落并诱发煤污病，主要危害大戟科、菊科等多肉植物。可用40%氧化乐果乳油1000~2000倍液喷杀，两天后用水冲刷。

蚜虫：该虫吸吮植株幼嫩部分的汁液，致使植株生长衰弱，其分泌物还会招来蚁类，主要危害菊科、景天科多肉植物。可用80%敌敌畏乳油1500倍液喷杀。

鼠妇：该虫啃食新根和植株幼嫩部分，易造成植株死亡。可在土壤内放呋喃丹，定期用杀灭菊酯喷杀。

蜗牛：该虫啃食幼苗，易造成植株死亡。可人工捕杀。

赤腐病：细菌性病害，遭鼠妇啃咬后的植株易得此病，病害从植株伤口侵入，导致块茎出现赤褐色病斑，慢慢腐烂死亡。此病主要危害球形仙人掌，可用70%托布津可湿性粉剂1000倍液喷洒预防，土壤中也要喷洒。植株伤口晾干后要涂硫黄粉消毒。

炭疽病：真菌性病害，使植物的叶片出现褐色小斑，病斑逐渐干枯。该病常发生在炎热潮湿的梅雨季节，是危害多肉植物的重要病害。可通风降温，用70%甲基硫菌灵可湿性粉剂1000倍液喷洒。

锈病：由真菌中的锈菌寄生引起，致使植物茎干表皮上出现大块锈褐色病斑，严重时茎部会布满病斑，主要危害大戟科多肉植物。可将病枝剪除，再用12.5%烯唑醇可湿性粉剂2000~3000倍液喷洒。

景天科植物在全球都有分布，约有35个属，主要集中在南非地区，我国约有10个属。该科植物多生长于干地或石头上，种类有多年生肉质草本、半灌木或灌木；茎、叶多肉质肥厚，有毛或无毛，颜色多样；叶子形状不一，互生、对生或轮生，全缘或稍有缺刻；花序有总状花序、聚伞花序、伞房状花序、穗状花序或圆锥状花序，有时单生，花色丰富。比较普遍的有石莲花属、景天属。

Part 2

景天科

马库斯

别 名	无
科 属	景天科佛甲莲属
产 地	韩国

☀ 光照：适应性强，不耐烈日暴晒

🥄 施肥：每半个月施薄肥一次

🌡 温度：生长适温为15℃~25℃

💧 浇水：保持盆土湿润即可

特征简介 马库斯是景天属和拟石莲花属间的品种，叶长钥状，前段斜尖，容易泛红，叶正面平滑，叶背船状凸起，叶色多为绿色、黄绿色到橙黄色、粉红色；有花剑，花呈五瓣，白色。

甘草船长

别 名	红边静夜、红背静夜
科 属	景天科拟石莲花属
产 地	未知

☀ 光照：需阳光充足，耐半阴

🥄 施肥：生长期每月施肥一次

🌡 温度：室内能耐零下2℃左右的低温

💧 浇水：生长期保持土壤湿润，避免积水，浇水一月三次

特征简介 甘草船长是通过静夜培育的品种。与之不同的是，船长偏青色，充足的阳光下叶边会出现特别明显的红边，叶背上也有一条红线；簇状花穗，花开微黄，先端红色，五裂。

玉珠冬云

别 名	象牙
科 属	景天科拟石莲花属
产 地	未知

☀ 光照：适应性强，不耐烈日暴晒

🥄 施肥：生长期每月施肥一次

🌡 温度：生长适温为15℃~25℃

💧 浇水：保持盆土湿润即可

特征简介 叶片肥厚，叶尖，叶面光滑有质感；常年翠绿，暴晒下会轻微泛黄，温差大时叶尖轻微发红；容易群生。

雨滴

别 名	无
科 属	景天科拟石莲花属
产 地	未知

☀ 光照：喜凉爽、干燥、阳光充足的环境

🥄 施肥：每月施肥一次

🌡 温度：生长适温为10℃~25℃

💧 浇水：每个月两次

特征简介 圆卵形的叶面有瘤状凸起，像打落在叶片上的雨滴，因此被命名为雨滴。一般来说以其端正的叶片和珠圆玉润的圆瘤为上品，是粉彩莲系的经典杂交品种之一。

多肉简介

景天科

番杏科

百合科

大戟科

龙舌兰科

仙人掌科

其他科

墨西哥姬莲

别 名	无
科 属	景天科拟石莲花属
产 地	墨西哥

☀ 光照：喜凉爽、干燥、阳光充足的环境

🖌 施肥：颗粒缓释肥就能满足其生长需要

🌡 温度：高温季节休眠、冷凉季节生长

💧 浇水：耐干旱，怕积水和闷热潮湿，
宜始终保持盆土微湿状态

特征简介 墨西哥姬莲是一种很小的拟石莲花属植物，有簇拥的花环状的厚厚的小叶片，叶片短圆，蓝色带霜，叶尖和尖部边缘都是玫瑰红色；容易群生。

海琳娜

别 名	无
科 属	景天科拟石莲花属
产 地	未知

☀ 光照：夏季可以给予少量光照

🖌 施肥：生长期每月施肥一次

🌡 温度：生长适温为10℃~25℃

💧 浇水：生长期每月浇水约三次

特征简介 海琳娜属月影系；叶蓝绿色，长匙形，前端较圆，急尖，呈莲花状紧密排列；秋冬出状态的时候，叶片会变得粉黄色至粉红色，多充满色泽，叶缘有点粉色透明感，呈包裹状态；春末开花，小花钟形，橘红色。

紫罗兰女王

别 名	无
科 属	景天科拟石莲花属
产 地	韩国、日本

☀️ 光照：需要阳光充足、凉爽、干燥的环境，耐半阴

✋ 施肥：生长期每月施肥一次

💡 温度：能耐室内零下4℃左右的低温

💧 浇水：怕水涝，忌闷热潮湿

特征简介 紫罗兰女王是中小型品种。植株叶片呈莲座状密集排列，叶片较多；叶片肥厚，长勺形，叶缘有点薄，有叶尖，叶色为浅蓝绿色，强光、昼夜温差大或冬季低温期叶色深，叶缘出现紫红色，叶面覆有轻微白粉；穗状花序，花开微黄，先端五裂。

海滨格瑞

别 名	无
科 属	景天科拟石莲花属
产 地	墨西哥

☀️ 光照：喜阳光充足

✋ 施肥：生长期每月施肥一次

💡 温度：耐冷（大于等于0℃），霜冻会留下难看的疤痕

💧 浇水：耐旱，不干不浇

特征简介 海滨格瑞是2015年左右国内备受关注的一个拟石莲花属的品种，此品种不是月影系，茎几乎缺乏，分枝；叶长2~3厘米，易群生；叶密集，倒卵形，钝，稍具芒尖，苍绿色；花序单蝎尾状，聚伞花序12厘米，花梗长6毫米。

多肉简介
景天科
番杏科
百合科
大戟科
龙舌兰科
仙人掌科
其他科

劳伦斯

别 名	无
科 属	景天科拟石莲花属
产 地	未知

☀ 光照：需要充足的阳光，也耐半阴

🥄 施肥：生长期每月施肥一次

🌡 温度：凉爽季节生长，夏季高温休眠

💧 浇水：保持土壤湿润，耐干旱，避免积水

特征简介 叶片整体是椭圆形的，但有一个凸出的叶尖；光照充足时，叶背会呈现出粉色，非常漂亮。劳伦斯也是最容易变绿的多肉品种之一，只要两三天不晒太阳就会变绿。

墨西哥巨人

别 名	无
科 属	景天科拟石莲花属
产 地	墨西哥

☀ 光照：喜阳光充足

🥄 施肥：生长期每月施肥一次

🌡 温度：冬天放在室内

💧 浇水：耐干旱，半月浇一次水

特征简介 多为无茎莲座，叶片似枪形，生长缓慢；表面完全覆盖着粉末状的白色蜡质涂层，会出现腮红般的粉色。

晚霞

别　名	无
科　属	景天科拟石莲花属
产　地	墨西哥

☀ 光照：喜阳光充足

🖐 施肥：生长期每月施肥一次

🌡 温度：喜温暖干燥、通风良好的环境

💧 浇水：夏季少量给水

特征简介 叶片紧密环形排列，棱角分明；叶面光滑有白粉，叶尖到叶心有轻微折痕，把叶片一分为二；叶缘非常薄，有点像刀口，微微向叶面翻转，叶缘会发红，叶片浅蓝粉色或浅紫粉色，新叶有点偏蓝，老叶如同晚霞一般艳丽，叶面有微白粉。

纸风车

别　名	紫风车
科　属	景天科拟石莲花属
产　地	美国

☀ 光照：喜阳光充足，每天日照不少于
　　　　3小时

🖐 施肥：生长期每月施肥一次

🌡 温度：生长适温为10℃~25℃

💧 浇水：极耐旱，半个月浇水一次

特征简介 植株整体呈莲座状，叶片多且排列紧密；大多数在夏季开花，花橙黄色泛粉红色。纸风车有着鲜艳的颜色和繁多的杂交品种。

多肉简介

景天科

番杏科

百合科

大戟科

龙舌兰科

仙人掌科

其他科

白花小松

别 名	旋叶青锁龙
科 属	景天科塔莲属
产 地	墨西哥

☀ 光照：喜光照，耐半阴

🥄 施肥：生长期每15天施薄肥一次

🌡 温度：生长适温为20℃~30℃

💧 浇水：保持盆土干燥，耐干旱

特征简介 白花小松是多年生肉质植物。植株小型，低矮，茎短，基部多分枝；叶片圆棒状，细短，肉质，先端渐尖，旋转轮生于肉质茎上；叶色青绿色至深绿色，被有白粉，光照充足时叶缘和叶尖呈红色；花序顶生，花白色；花期4~5月。

瓦松

别 名	无
科 属	景天科瓦松属
产 地	亚洲亚热带和温带地区

☀ 光照：喜光照，夏季适当遮阴

🥄 施肥：生长期每月施肥一次

🌡 温度：生长适温为10℃~25℃

💧 浇水：生长期每月浇水一次

特征简介 瓦松是多年生肉质植物。植株中小型，呈莲座状排列；叶片为扁平披针形或细长圆柱形，肉质肥厚圆润，先端尖锐，有小叶尖，长5~27厘米，墨绿色；圆锥穗状花序，小花，粉红色或白色。

彩色蜡笔

别 名	小米星锦
科 属	景天科青锁龙属
产 地	南非

☀ 光照：需要阳光充足的环境，耐半阴

✋ 施肥：每半个月施薄肥一次

🌡 温度：冷凉季节生长，忌闷热，夏季高温休眠，为冬型种

💧 浇水：喜干燥，怕水涝

特征简介 叶片交互对生，卵圆状三角形；无叶柄，基部连在一起，新叶上下叠生，肉质叶青绿色至嫩粉色，叶缘呈粉红色；五月开花。

奶酪

别 名	亚美奶酪
科 属	景天科风车草属
产 地	墨西哥

☀ 光照：能够接受较为强烈的光照

✋ 施肥：生长期每月施肥一次

🌡 温度：冬季保持在5℃以上

💧 浇水：生长季节需要充足的水分，气温下降保持土壤干燥

特征简介 叶片圆润，顶端有个很小很可爱的叶尖，叶片比桃之卵和桃美人的粉薄一些，出状态时叶片颜色是很通透的橙粉色，易群生，但生长速度比较慢；奶酪出状态为橙黄色、橙粉色、奶黄色、粉紫色，色彩斑斓，非常好看。

多肉简介

景天科

番杏科

百合科

大戟科

龙舌兰科

仙人掌科

其他科

华丽风车

别 名	无
科 属	景天科风车草属
产 地	未知

☀ 光照：喜欢阳光充足

🍶 施肥：生长期每月施肥一次

🌡 温度：生长适温为15℃~25℃

🫖 浇水：耐干旱，不干不浇

特征简介　华丽风车是风车草属的种间杂交品种。植株叶片莲座状水平排列，叶片广卵形，有叶尖，叶缘圆弧状；叶片肥厚，粉色至紫粉色，光滑有白粉；阳光充足时叶片紧密排列，弱光则叶色为浅粉色或浅绿色，叶片变得窄且长，也会变薄，叶片间距会拉长；华丽风车的花茎很高，簇状花序，红白色花朵，花朵向上开放，五瓣，非常漂亮，初夏开花。

绿龟之卵

别 名	无
科 属	景天科景天属
产 地	墨西哥

☀ 光照：喜欢亮光，放在室外栽培需要
　　　　适当地遮阴，室内就需要强光

🍶 施肥：生长期每月施肥一次

🌡 温度：生长适温为15℃~25℃

🫖 浇水：耐干旱，不干不浇

特征简介　叶片一年四季均为绿色，叶形为卵圆状，偏长，加上叶面有类似龟纹的小细纹，正好映衬了这个可爱的名字。

银波锦

别 名	银冠
科 属	景天科银波锦属
产 地	南非开普省

- 光照：喜光照，夏季需要适当遮阴
- 施肥：每20~30天施腐热的稀薄液肥一次
- 温度：最低温度为5℃
- 浇水：生长期可以定期浇水，盛夏不可以浇水

特征简介 银波锦是多年生肉质灌木植物。植株直立，高可达30~60厘米，银白色；叶片对生，倒卵形，长8~12厘米，宽6厘米，边缘为波浪形，叶面有浓厚的银白色粉；聚伞状圆锥花序，花为倒喇叭形，橙黄色，先端红色；花期春夏季。

熊童子

别 名	无
科 属	景天科银波锦属
产 地	纳米比亚

- 光照：喜光照，忌高温暴晒
- 施肥：每月施腐熟的稀薄液肥一次
- 温度：最低生长温度为5℃
- 浇水：夏季高温减少浇水

特征简介 熊童子是多年生肉质草本植物。植株中小型，多分枝，呈灌木状；叶互生，肉质，卵形或匙形，长2~3厘米，宽1~2厘米，生有密集的细短白绒毛，叶端有爪样齿，基部全缘；叶色浅绿色，光照充足时叶端的爪齿会变红；总状花序，小花红色；花期秋季。

多肉简介

景天科

番杏科

百合科

大戟科

龙舌兰科

仙人掌科

其他科

巧克力线

别 名	无
科 属	景天科银波锦属
产 地	未知

☀ 光照：光照充足时显色状态好

🥄 施肥：半个月施一次稀薄肥

🌡 温度：冬季需保暖

💧 浇水：不耐湿，注意排水

特征简介 叶互生，肉质，纺锤形至倒卵状匙形，有蓝灰色粉状蜡质涂层，钝尖，叶缘紫红色；花茎可高达60厘米，花钟形管状，下垂；冬季盛开。

新香水

别 名	弗雷费尔
科 属	景天科厚叶草属
产 地	美国

☀ 光照：喜光照，春秋季节是它的生长期，可以全日照

🥄 施肥：一个季度施肥一次，越冬期间不可施肥

🌡 温度：生长适温为10℃~25℃

💧 浇水：半个月浇水一次

特征简介 新香水茎短直立，肉质叶互生，倒卵形或纺锤形，排成延长的莲座状，叶面被有白粉。

玉蝶

别 名	石莲花
科 属	景天科石莲花属
产 地	墨西哥

☀ 光照：喜光照，稍耐半阴

🖌 施肥：每月施稀薄液肥一次

🌡 温度：喜温暖，最低生长温度为3℃

🛁 浇水：生长期不必过多浇水

特征简介 玉蝶是多年生肉质草本植物。植株高可达50厘米，直径15~20厘米，有短茎；叶片肉质，互生，有40枚左右，倒卵状匙形，簇生于茎顶，呈标准的莲座状排列；叶梢直立，先端圆，有小叶尖，叶片稍稍内凹，淡绿色，表面被有白粉；聚伞花序腋生，小花钟形，赭红色，顶端黄色；花期6~8月。

玉蝶锦

别 名	无
科 属	景天科石莲花属
产 地	墨西哥

☀ 光照：喜光照，稍耐半阴

🖌 施肥：每20~30天施稀薄液肥一次

🌡 温度：喜温暖，最低生长温度为3℃

🛁 浇水：生长期不必过多浇水

特征简介 玉蝶锦是多年生肉质植物，是玉蝶的锦斑品种。植株中小型，植株高可达60厘米，有短茎；叶片互生，肉质，倒卵状匙形，有40枚左右，呈标准的莲座状排列于茎顶；叶梢直立，先端圆且有小尖，微微向内弯曲；叶片白色，中间凹痕为绿色，叶缘粉红色；聚伞花序，小花倒钟形，红色，顶端黄色；花期6~8月。

多肉简介

景天科

番杏科

百合科

大戟科

龙舌兰科

仙人掌科

其他科

秀妍

别 名	无
科 属	景天科石莲花属
产 地	韩国

☀ 光照：喜光照

🥄 施肥：每月施稀薄液肥一次

🌡 温度：生长适温为15℃~25℃

💧 浇水：干透浇透

特征简介 秀妍是多年生肉质草本植物。植株小型，易群生；茎红褐色；叶片肉质，簇生于枝头，呈莲座状紧密排列，对生，圆形或卵圆形，有小叶尖，叶背拱起，被有白粉，叶色为胭脂红色。

卡尔千岁

别 名	无
科 属	景天科石莲花属
产 地	未知

☀ 光照：喜充足的光照

🥄 施肥：每15~20天施腐熟的有机肥一次

🌡 温度：生长适温为10℃~25℃

💧 浇水：生长期每月浇水一次

特征简介 卡尔千岁是多年生肉质植物，是姬莲的一种杂交品种。植株小型，多分枝，易群生；叶片肉质，簇生于枝头，呈莲座状紧密排列，匙形，先端渐窄有尖，叶背拱起似龙骨状，被有白粉，叶嫩绿色，叶缘和叶尖红色。

大和锦

别 名	彩色石莲
科 属	景天科石莲花属
产 地	墨西哥

☀ 光照：喜光照，耐半阴

🖌 施肥：每月施腐熟的稀薄液肥一次

🌡 温度：最低生长温度为5℃

💧 浇水：生长期保持盆土稍湿润

特征简介　大和锦是多年生肉质草本植物。植株矮小，呈紧密排列的莲座状；叶片肉质，互生，全缘，三角状卵形，叶长3~4厘米，宽约3厘米，先端渐尖，有小叶尖；叶色为灰绿色，叶面有红褐色斑点，叶背有龙骨状凸起；总状花序，高约30厘米，花上部黄色，下部红色；花期初夏。

白姬莲

别 名	无
科 属	景天科石莲花属
产 地	墨西哥

☀ 光照：喜光照

🖌 施肥：生长期每月施肥一次

🌡 温度：生长适温为15℃~25℃

💧 浇水：生长期每月浇水一次

特征简介　白姬莲是多年生肉质植物，是姬莲的变异品种，外形和蓝姬莲相似。植株小型，呈紧密排列的莲座状，易群生；叶片肉质，匙形，先端渐窄有尖，叶背拱起似龙骨状，叶面为灰白色，被有白粉，叶缘和叶尖为红色；生长期为秋季至晚春。

女王花笠

别　名	扇贝石莲花、女王花舞笠
科　属	景天科石莲花属
产　地	墨西哥

☀ 光照：喜光照，夏季高温适当遮阴

🪣 施肥：生长期每月施肥一次

🌡 温度：生长适温为18℃~25℃

💧 浇水：生长期每周浇水一次

特征简介　女王花笠是多年生肉质草本植物。叶片宽阔，肉质肥厚，倒卵状，呈莲座状排列；叶片翠绿色至红褐色，新叶色浅，老叶色深；叶缘有褶皱，微微卷起，呈波浪状，形似大波浪的裙摆，常会显现出粉红色，非常华丽；聚伞花序，花卵球形，淡黄红色；花期初夏至冬季。

红粉台阁

别　名	粉红台阁、台阁
科　属	景天科石莲花属
产　地	墨西哥

☀ 光照：喜光照，夏季适当遮阴

🪣 施肥：每季度施长效肥一次

🌡 温度：生长适温为15℃~28℃

💧 浇水：适量浇水，忌积水

特征简介　红粉台阁是多年生肉质草本植物，是鲁氏石莲花的栽培品种。植株有短茎，整体呈紧密排列的莲座状；株径可达10厘米左右；叶片肉质，倒卵形，先端圆，有小叶尖；叶色灰绿色，光照充足时呈现红褐色，被有白粉；穗状花序，钟形小花，橘色；花期夏季。

高砂之翁

别 名	无
科 属	景天科石莲花属
产 地	墨西哥

- ☀ 光照：喜光照，夏季适当遮阴
- 🥄 施肥：生长期每半个月施肥一次
- 🌡 温度：生长适温为20℃~24℃
- 💧 浇水：耐干旱，怕积水

特征简介 高砂之翁是多年生肉质草本植物。植株直径20~30厘米，茎粗壮；叶片倒卵圆形，稍平直，叶色翠绿色至红褐色，低温期叶色深红，被有白粉，呈莲座状排列；叶缘有褶皱，呈波浪状，常会显现粉红色；聚伞花序，钟形小花，橘色；花期夏季，每年换盆一次。

阿兰塔

别 名	无
科 属	景天科石莲花属
产 地	未知

- ☀ 光照：喜光照，夏季适当遮阴
- 🥄 施肥：生长期每月施肥一次
- 🌡 温度：生长适温为10℃~30℃
- 💧 浇水：干透浇透

特征简介 阿兰塔是多年生多肉植物。植株较小，易群生，有短茎；叶片肉质肥厚，匙形，表面光滑，有白色粉末，先端渐尖，有红色小叶尖，呈莲座状松散排列；叶背为浅红色带绿色，叶里面为绿色，要接受充足日照叶色才会艳丽，株型才会更紧实美观。

多肉简介

景天科

番杏科

百合科

大戟科

龙舌兰科

仙人掌科

其他科

因地卡

别 名	印地卡
科 属	景天科石莲花属
产 地	未知

☀ 光照：喜光照，夏季高温时遮阴

🥄 施肥：生长期每月施肥一次

🌡 温度：冬季入室保温，室温在10℃左右

💧 浇水：耐干旱，干透浇透

特征简介　因地卡是多年生肉质植物。植株呈莲座状紧密排列，极易群生；叶片匙形，肉质肥厚，先端有斜边，有小叶尖，叶背拱起有龙骨，正面内凹有凹痕，生长期为绿色，秋冬季在充足的光照下，叶色渐渐变成紫色或紫红色。

滇石莲

别 名	四马路、云南石莲
科 属	景天科石莲花属
产 地	中国云南

☀ 光照：喜光照，夏季适当遮阴

🥄 施肥：生长期每月施肥一次

🌡 温度：冬季要保持0℃以上

💧 浇水：干透浇透

特征简介　滇石莲是多年生肉质植物，是中国的特有品种。植株莲座状，株高5~10厘米；叶丛直径约2.5~5厘米，叶片卵形至披针形，长1.2~2.5厘米，细长饱满，蓝灰黑色，有小叶尖，叶面有短柔毛；伞状花序，簇状小花，花柱短；花期夏季。

红边月影

别 名	无
科 属	景天科石莲花属
产 地	墨西哥

☀ 光照：喜充足的光照

🖌 施肥：生长期每月施肥一次

🌡 温度：不耐寒，冬季入室保温

💧 浇水：不干不浇，浇则浇透

特征简介 红边月影是多年生肉质草本植物。叶片紧密环形排列，呈莲座状；叶片肉质肥厚，匙形，有小叶尖，叶背拱起，呈圆弧状，叶面光滑有微白粉；叶片绿色，在温差增大、光照增多时叶子边缘会呈现红色；穗状花序，花形为倒钟形；花期夏季。

冰莓

别 名	无
科 属	景天科石莲花属
产 地	墨西哥

☀ 光照：喜光照

🖌 施肥：生长期每月施肥一次

🌡 温度：不畏寒，不怕热

💧 浇水：生长期每月浇水1~2次

特征简介 冰莓是多年生肉质草本植物。易群生，叶片紧密环形排列，呈莲座状；叶片肉质，扇叶形，有小叶尖，叶片颜色为宝蓝色，叶面光滑有微白粉；穗状花序，花形为倒钟形；花期夏季。

多肉简介

景天科

番杏科

百合科

大戟科

龙舌兰科

仙人掌科

其他科

红鹤

别 名	无
科 属	景天科石莲花属
产 地	未知

☀ 光照：春秋季为生长期，要求光照充足

🥄 施肥：生长期施1~2次薄肥

🌡 温度：温度控制在15℃~30℃

🛁 浇水：干透浇透

特征简介　红鹤是多年生肉质植物。植株小型，易群生；叶片肥厚，匙形向内稍弯曲，先端渐尖，嫩绿色，有玉质感，表面有白粉；出状态后，叶缘会变成紫红色或粉红色；花茎较长，从顶端的叶子中长出，所以整个株型呈现由内向外发散生长的花朵形状，非常漂亮。

蓝姬莲

别 名	无
科 属	景天科石莲花属
产 地	未知

☀ 光照：喜光照

🥄 施肥：生长期每月施肥一次

🌡 温度：生长适温为15℃~25℃

🛁 浇水：生长期每月浇水一次

特征简介　蓝姬莲是多年生肉质植物，老版小红衣和皮氏蓝石莲的杂交品种。植株呈莲座状，易群生；叶片为匙形，先端渐窄有尖，叶背拱起似龙骨状，叶面为带有白霜的蓝灰色，叶缘为红色，冬季叶片颜色会变偏红色。

蓝苹果

别 名	蓝精灵
科 属	景天科石莲花属
产 地	未知

☀ 光照：喜光照，稍耐半阴

🖌 施肥：生长期每月施肥一次

🌡 温度：生长适温为15℃~25℃

💧 浇水：生长期每月浇水一次

特征简介　蓝苹果是多年生肉质植物。植株常呈莲座状，茎长，茎下易生新枝；叶片轮生，匙形，肉质饱满，叶背凸起，有龙骨线，叶面微微内凹，叶端收窄变尖；叶色常为蓝色，但随季节变化，颜色变化十分丰富，表面有白粉；聚伞花序，花开五瓣，五角星形，柠檬黄色；花期春季。

凝脂莲

别 名	劳尔、乙姬牡丹、乙女牡丹
科 属	景天科石莲花属
产 地	墨西哥

☀ 光照：喜光照

🖌 施肥：每月施一次以磷钾为主的薄肥

🌡 温度：生长适温为15℃~25℃

💧 浇水：10天左右一次，每次浇透即可

特征简介　凝脂莲是多年生肉质植物，有两种不同的类型，一种叶片较为狭长，霜粉较少，另一种叶片较宽，霜粉较多。植株常呈莲座状，茎长，茎下易生新枝；叶片轮生，匙形，肉质饱满，叶背凸起，翠绿色或嫩绿色，表面被有白粉，并密布极细微的白色颗粒；花小，白色，花蕊粉红色，成簇，花期春季。

多肉简介

景天科

番杏科

百合科

大戟科

龙舌兰科

仙人掌科

其他科

若桃

别　名	无
科　属	景天科石莲花属
产　地	非洲南部

☀ 光照：喜光照，耐半阴

🥄 施肥：生长期每月施肥一次

🌡 温度：能耐零下4℃左右的低温

🪣 浇水：怕水涝，耐干旱

特征简介 若桃是多年生肉质草本植物，是姬莲的杂交品种。植株小型，呈排列紧密的莲座状；叶片肉质肥厚，匙形，有细长的小叶尖，叶缘光滑，表面有轻微白粉，常为蓝白色，出状态后叶尖会变成褐红色；簇状花穗，花色微黄，先端红色，花开五裂。

香草比斯

别　名	无
科　属	景天科石莲花属
产　地	未知

☀ 光照：喜光照

🥄 施肥：每月施一次以磷钾为主的薄肥

🌡 温度：生长适温为15℃~25℃

🪣 浇水：10天左右一次，每次浇透即可

特征简介 香草比斯是多年生肉质植物，是凝脂莲和静夜的杂交品种。植株呈莲座状紧密排列，易群生，外形同凝脂莲十分相似；叶片轮生，匙形，有小叶尖，肉质饱满，叶背凸起，翠绿色或嫩绿色，表面上被白粉时呈蓝白色。

月影

别 名	雅致石莲花、美丽石莲花
科 属	景天科石莲花属
产 地	墨西哥

☀ 光照：喜光照

🖌 施肥：生长期每月施肥一次

🌡 温度：生长适温为18℃~25℃，冬季最低温度不低于5℃

🫗 浇水：保持盆土干燥，只在叶面上喷水

特征简介 月影是多年生肉质草本植物，没有枝茎。叶片呈莲座状紧密排列，叶子上有白色粉状物质，让蓝绿色的叶子看起来较为暗淡，此外，叶子边缘略有红色；开黄色的铃状花；花期夏季。

白月影

别 名	阿尔巴月影
科 属	景天科石莲花属
产 地	墨西哥

☀ 光照：喜光照

🖌 施肥：生长期每月施肥一次

🌡 温度：生长适温为10℃~25℃

🫗 浇水：耐干旱，生长期每月浇水一次

特征简介 白月影是多年生肉质草本植物，是厚叶月影的园艺品种。叶片肉质肥厚，但比厚叶月影稍薄，叶片中心有凹痕，越往内越明显，匙状，叶上部斜尖，颜色绿中泛白，外层叶片中略带黄色，有玉质感，整体呈莲座状，在低温且阳光充足的情况下会呈现白色；花为铃状；花期夏季。

多肉简介

景天科

番杏科

百合科

大戟科

龙舌兰科

仙人掌科

其他科

锦晃星

别　名	绒毛掌猫耳朵、金晃星
科　属	景天科石莲花属
产　地	墨西哥

☀ 光照：喜光照，稍耐半阴

🥄 施肥：每半个月施薄肥一次

🌡 温度：最低生长温度为10℃左右

💧 浇水：适量浇水，忌积水

特征简介　锦晃星是多年生灌木植物。植株小型，群生；茎肉质，呈细圆棒状，幼时绿色，成熟时棕褐色，多分枝；叶片为倒卵状披针形，肉质肥厚，生于枝干顶部，轮状互生，密被细短的白色毫毛，全缘，先端渐尖；叶色暗绿色，在秋冬季日照充足的情况下，叶片上缘及叶端呈红色；穗状花序，钟形小花，五瓣，半开状，花红色；花期晚秋至初春。

丸叶锦晃星

别　名	熊毛掌
科　属	景天科石莲花属
产　地	墨西哥

☀ 光照：喜光照，稍耐半阴

🥄 施肥：每半个月施薄肥一次

🌡 温度：最低生长温度为10℃左右

💧 浇水：适量浇水，忌积水

特征简介　丸叶锦晃星是多年生灌木植物，是锦晃星的栽培品种。植株小型，群生；茎肉质，呈细圆棒状，幼时绿色，成熟时棕褐色，多分枝；叶片为倒卵状披针形，较锦晃星更娇小圆润，肉质肥厚，生于枝干顶部，轮状互生，密被细短的白色毫毛，全缘，先端渐尖；叶色暗绿色，在秋冬季日照充足的情况下，叶片上缘及叶端呈红色；穗状花序，钟形小花，五瓣，半开状，花红色；花期晚秋至初春。

锦司晃

别 名	多毛石莲花
科 属	景天科石莲花属
产 地	墨西哥

☀ 光照：喜光照，盛夏适当遮阴

🪴 施肥：每15天施薄肥一次

🌡 温度：生长适温为10℃~25℃

💧 浇水：夏季少浇水

特征简介 锦司晃与锦晃星十分相似，是多年生肉质植物。植株无茎，易丛生；叶片较厚，肉质，匙形，先端卵形，有小钝尖，基部狭窄，表面布满白色短毛，呈莲座状排列；叶正面微内凹，背面圆凸；叶绿色，顶端叶缘和叶尖呈红褐色；花序高20~30厘米，花小而多，黄红色。

粉蓝鸟

别 名	厚叶蓝鸟
科 属	景天科石莲花属
产 地	未知

☀ 光照：喜光照，夏季防暴晒和雨淋

🪴 施肥：生长期每月施肥一次

🌡 温度：生长适温为10℃~25℃

💧 浇水：秋冬季减少浇水

特征简介 粉蓝鸟是多年生肉质植物，是蓝鸟的一种栽培品种，较蓝鸟体型大。叶从基部生长，稍显扁平，匙形或倒卵形，先端渐窄有尖，粉蓝色，表面有厚厚的白粉，叶缘为红色，整体呈紧密排列的莲座状；穗状花序，蓝色花梗细长，小花，开黄色花。

多肉简介

景天科

番杏科

百合科

大戟科

龙舌兰科

仙人掌科

其他科

粉香槟

别 名	香槟
科 属	景天科石莲花属
产 地	未知

☀ 光照：喜光照，夏季防暴晒和雨淋

🥄 施肥：生长期每月施肥一次

🌡 温度：生长适温为10℃~25℃

🛁 浇水：秋冬季减少浇水

特征简介 粉香槟是多年生肉质植物，是罗密欧和雪莲的杂交品种。植株中小型，叶片稍显扁平，匙形，先端渐窄有尖，叶背微微拱起，整体呈紧密排列的莲座状；叶色为绿色，秋天光照增强适当控水易出状态，出状态后叶色变为粉红色至酒红色。

粉爪

别 名	无
科 属	景天科石莲花属
产 地	墨西哥北部

☀ 光照：喜光照，耐半阴

🥄 施肥：生长期每月施肥一次

🌡 温度：生长适温为10℃~25℃

🛁 浇水：怕水涝，忌闷热潮湿

特征简介 粉爪是多年生肉质植物。植株中小型，呈紧密排列的莲座状，易群生；叶片匙形，肉质肥厚，先端三角形，有红褐色小叶尖，叶背拱起有龙骨，正内平整或微微内凹，蓝绿色，表面有白粉，出状态后叶缘和叶背呈粉红色。

弗兰克

别 名	无
科 属	景天科石莲花属
产 地	美国

☀ 光照：喜光照，耐半阴

🪣 施肥：每月施磷钾为主的薄肥一次

🌡 温度：生长适温为10℃~25℃

💧 浇水：干透浇透

特征简介 弗兰克是多年生肉质植物，是相府莲和卡罗拉的杂交品种。植株中小型，呈紧密排列的莲座状，叶片自基部中心长出；叶片匙形，肉质肥厚，先端三角形，有红褐色小叶尖，叶背拱起有龙骨，叶色浅黄色透红至深红色。

格林

别 名	无
科 属	景天科风车莲属
产 地	美国加州

☀ 光照：喜充足的光照

🪣 施肥：生长期每月施肥一次

🌡 温度：生长适温为10℃~25℃

💧 浇水：耐干旱，忌盆土长期潮湿

特征简介 格林是多年生肉质植物，是风车莲属和石莲花属的间属杂交品种。植株中型，易群生，单头直径可达10厘米，叶片互生，肉质，倒卵匙形，呈标准的莲座状排列；叶端渐窄，有小叶尖，叶背拱起有龙骨，叶片表面有白粉；叶色粉蓝色到粉绿色，叶边缘易红；穗状花序，花钟形，小花，花开五瓣，黄色，尖端橙色；花期春季。

多肉简介

景天科

番杏科

百合科

大戟科

龙舌兰科

仙人掌科

其他科

苯巴蒂斯

别　名	点绛唇
科　属	景天科石莲花属
产　地	墨西哥

☀ 光照：喜光照

🍂 施肥：生长期每月施肥一次

🌡 温度：生长适温为15℃~25℃

🫗 浇水：生长期每月浇水一次

特征简介　苯巴蒂斯是多年生肉质植物，是大和锦和静夜的种间杂交品种。植株小型，呈完美的莲座状；叶片肉质肥厚，排列紧密，短匙状，先端三角形，有小叶尖，叶背龙骨明显；叶色基色为浅绿色，有层次感，被有白粉，出状态后叶尖、叶缘、叶背龙骨处变红。

彩虹

别　名	紫珍珠锦
科　属	景天科石莲花属
产　地	墨西哥

☀ 光照：喜光照，避免暴晒

🍂 施肥：生长期每月施肥一次

🌡 温度：能耐零下4℃左右的低温

🫗 浇水：生长期保持土壤湿润，忌积水

特征简介　彩虹是多年生肉质植物。植株中小型，呈莲座状，多单生；叶片肉质，匙形，先端渐窄有尖，叶背拱起似龙骨状；叶色丰富，在光照充足或温差大的情况下，叶片为粉红偏紫，光照不足则变为浅灰色或浅黄色。

黑门萨

别 名	门萨
科 属	景天科石莲花属
产 地	墨西哥

☀ 光照：喜充足的光照

🌱 施肥：生长期每月施肥一次

🌡 温度：生长适温为10℃~25℃

💧 浇水：耐干旱，忌盆土长期潮湿

特征简介 黑门萨是多年生肉质植物。植株中小型，易群生；叶片互生，肉质，长条匙形，呈标准的莲座状排列；叶先端渐窄，有小叶尖，叶背微微拱起有龙骨，叶片微微向叶心弯曲，表面光滑；弱光时叶色微浅绿色，出状态后叶片出现轻微的蓝紫色；簇状花序，花倒钟形。

红粉佳人

别 名	粉红女郎
科 属	景天科石莲花属
产 地	墨西哥

☀ 光照：喜充足的光照

🌱 施肥：生长期每月施肥一次

🌡 温度：生长适温为10℃~25℃

💧 浇水：每10天左右浇水一次

特征简介 红粉佳人是多年生肉质植物。植株中小型，易群生；叶片互生，肉质，半卵形或半椭球形，呈标准的莲座状排列；叶先端呈明显三角形，有小叶尖，叶背拱起有龙骨；叶色为粉红色；歧伞花序自叶腋伸出，花黄色，五瓣；花期春季。

多肉简介

景天科

番杏科

百合科

大戟科

龙舌兰科

仙人掌科

其他科

红化妆

别 名	无
科 属	景天科石莲花属
产 地	未知

☀ 光照：喜充足的光照

🥄 施肥：生长期每月施肥一次

🌡 温度：生长适温为10℃~25℃

🫗 浇水：每10天左右浇水一次

特征简介 红化妆是多年生肉质植物，是多茎莲与静夜的种间杂种。植株中小型，易群生；叶片互生，肉质，倒卵形，呈标准的莲座状排列；叶先端渐窄，有小叶尖，叶背拱起有龙骨；叶绿色至淡黄绿色，叶缘和叶尖常红；花小，橙红色，钟形，五瓣；花期春季。

红稚莲锦

别 名	无
科 属	景天科石莲花属
产 地	墨西哥

☀ 光照：喜光照，忌烈日暴晒

🥄 施肥：生长期每月施肥一次

🌡 温度：生长适温为15℃~25℃

🫗 浇水：每10天左右浇水一次

特征简介 红稚莲锦是多年生肉质植物，是红稚莲的斑锦品种。植株中小型，多分枝；叶片互生，肉质，倒卵形，簇生于枝头，呈标准的莲座状排列；叶先端渐窄，叶背拱起；叶色常年绿色，布满酒红色斑点；花小，橙红色，钟形。

红稚莲缀化

别　名	无
科　属	景天科石莲花属
产　地	墨西哥

☀ 光照：喜光照，忌烈日暴晒

🥄 施肥：生长期每月施肥一次

🌡 温度：生长适温为15℃~25℃

💧 浇水：每10天左右浇水一次

特征简介 红稚莲缀化是多年生肉质植物，是红稚莲的缀化品种。植株中小型，多分枝，有主茎；叶片肉质，倒卵形，簇生于枝头，排列紧密；叶先端渐窄，叶背拱起；叶色常年绿色，叶尖和叶缘红色；花小，橙红色，钟形。

虎鲸

别　名	黄金玛利亚缀化
科　属	景天科石莲花属
产　地	墨西哥

☀ 光照：喜光照，耐半阴

🥄 施肥：生长期每月施肥一次

🌡 温度：能耐零下4℃左右的低温

💧 浇水：见干见湿，怕水涝

特征简介 虎鲸是多年生肉质植物，是黄金玛利亚的缀化品种，属于东云系列。植株小型，匍匐生长；叶片肉质，排列紧密，卵形或匙形，先端急尖，叶面光滑，背面凸起微呈龙骨状，黄绿色，叶尖红褐色。

多肉简介

景天科

番杏科

百合科

大戟科

龙舌兰科

仙人掌科

其他科

皇冠

别 名	无
科 属	景天科石莲花属
产 地	未知

☀ 光照：喜充足的光照

🥄 施肥：生长期每月施肥一次

🌡 温度：生长适温为10℃~25℃

✋ 浇水：每星期浇水一次

特征简介 皇冠是多年生肉质植物。植株中小型，易群生；叶片互生，肉质，倒卵形或半球形，呈标准的莲座状排列；叶先端渐窄，有小叶尖，叶背拱起有龙骨；叶绿色，布满红色斑点。

棱镜

别 名	无
科 属	景天科石莲花属
产 地	未知

☀ 光照：喜光照，酷夏需遮阴

🥄 施肥：每月施肥一次

🌡 温度：生长适温为10℃~25℃

✋ 浇水：耐干旱，忌积水

特征简介 棱镜是多年生肉质植物。植株小型，易群生，呈排列紧密的莲座状；叶片肉质，对生，匙形，先端渐窄，有小叶尖，叶尖朝内，叶面内凹，叶背拱起有龙骨，叶色为翠绿色，在温差大、光照充分时呈粉红色。

静夜

别 名	无
科 属	景天科石莲花属
产 地	墨西哥

☀ 光照：喜光照，夏日避免强光直射

🥄 施肥：每月施一次磷钾肥

🌡 温度：生长适温为15℃~25℃

💧 浇水：每1~2周浇水一次，干透浇透

特征简介　静夜是多年生肉质植物。植株小型，易群生，呈莲座状紧密排列；叶片轮生，倒卵形或楔形，有小叶尖，肉质饱满，叶背凸起，淡绿色，表面上被有少量白毛，叶缘和叶尖通常泛红；聚伞花序，花黄色，花期春末至初夏。

奶油黄桃

别 名	亚特兰蒂斯
科 属	景天科石莲花属
产 地	未知

☀ 光照：喜全日照

🥄 施肥：每月施肥一次

🌡 温度：生长适温为10℃~25℃

💧 浇水：每周浇少量的水

特征简介　奶油黄桃是多年生肉质植物。植株中小型，呈排列紧密的莲座状；叶片肉质，对生，匙形，先端渐窄，有小叶尖，叶面内凹，叶背拱起有龙骨，厚度稍薄；叶色为翠绿色，被有白粉，叶缘有很细的红色。

多肉简介
景天科
番杏科
百合科
大戟科
龙舌兰科
仙人掌科
其他科

蓝色天使

别 名	无
科 属	景天科石莲花属
产 地	未知

☀ 光照：喜光照，酷夏需遮阴

🥄 施肥：每月施肥一次

🌡 温度：生长适温为10℃~25℃

💧 浇水：15天左右浇水一次

特征简介 蓝色天使是多年生肉质植物。植株中小型，易生侧芽；叶片肉质，簇生于枝头，排列如松塔状，长条形，先端渐窄，有小叶尖，叶面向叶心弯曲生长，叶色为蓝绿色，叶尖泛红；聚伞花序，花黄色，花期春末至初夏。

雪天使

别 名	无
科 属	景天科石莲花属
产 地	未知

☀ 光照：喜光照，夏季适当遮阴

🥄 施肥：生长期每月施肥一次

🌡 温度：生长适温为10℃~25℃

💧 浇水：生长期每月浇水一次

特征简介 雪天使是多年生肉质植物。植株中小型，单生，呈紧密排列的莲座状；叶匙形，对生，肉质肥厚，叶片稍微向内凹陷，叶背拱起，有小叶尖，叶片为褐色，叶面有白色的粉末。

月亮仙子

别 名	月亮仙精灵、蓝灵
科 属	景天科石莲花属
产 地	未知

☀ 光照：喜光照

🥄 施肥：生长期每月施肥一次

🌡 温度：生长适温为15℃~25℃

💧 浇水：生长期每月浇水一次

特征简介 月亮仙子是多年生肉质植物。植株中小型，易群生；叶片肉质肥厚，呈莲座状紧密排列，匙状，先端三角形，有小叶尖，叶背龙骨明显；叶色为翠绿色，被有白粉，出状态后叶缘略为微红色。

紫心

别 名	粉色回忆、瑞兹丽
科 属	景天科石莲花属
产 地	未知

☀ 光照：喜光照

🥄 施肥：生长期每月施肥一次

🌡 温度：生长适温为15℃~25℃

💧 浇水：耐干旱，干透浇透

特征简介 紫心是多年生肉质植物。植株小型，易群生，多分枝；茎红褐色至灰褐色，肉质；叶片肉质肥厚，簇生于枝头，呈莲座状紧密排列，长匙状或短匙状，有小叶尖，叶背拱起有如龙骨；叶面圆滑平顺，叶色极其丰富，有蓝绿色、橙黄色、粉色、紫色等。

多肉简介

景天科

番杏科

百合科

大戟科

龙舌兰科

仙人掌科

其他科

莎莎女王

别 名	无
科 属	景天科石莲花属
产 地	未知

☀ 光照：喜全日照

🥄 施肥：每月施肥一次

🌡 温度：生长适温为10℃~25℃

🫖 浇水：每周在土表喷少量的水

特征简介 莎莎女王是多年生肉质植物。植株中小型，叶片肉质，排列紧密，圆匙形，先端渐窄，有小叶尖，叶面平整，叶背拱起有龙骨，被有薄白粉；叶色为嫩绿色，出状态后叶缘和叶尖呈红色。

双子座

别 名	波勒克斯
科 属	景天科石莲花属
产 地	墨西哥

☀ 光照：喜光照，稍耐半阴

🥄 施肥：每月施肥一次

🌡 温度：生长适温为10℃~25℃

🫖 浇水：耐干旱，忌积水

特征简介 双子座是多年生肉质植物。植株中小型，叶片基生，呈莲座状排列；叶片宽倒卵形或扇形，肉质，先端圆钝，有小叶尖，叶面中间有凹痕，叶背有龙骨，被有白粉；叶色为紫色；聚伞花序，腋生，小花，钟形，先端五裂，赭红色，顶端黄色；花期春夏季。

雪莲

别 名	无
科 属	景天科石莲花属
产 地	墨西哥

- ☀ 光照：喜光照，耐半阴
- 🪏 施肥：生长期每月施肥一次
- 🌡 温度：生长适温为5℃~25℃
- 💧 浇水：生长期适量浇水

特征简介 雪莲是多年生肉质草本植物。植株小型，株高和株幅均为10~15厘米；叶片倒卵匙形，肉质肥厚，顶端圆钝，有一小尖，叶片腹面稍有凹陷，叶背微微圆凸；叶色为灰绿色，被有白粉，出状态后会呈现出浅粉色；总状花序，花红色或橙红色，通常有10~15朵花；花期初夏至秋季。

黑王子

别 名	无
科 属	景天科石莲花属
产 地	墨西哥

- ☀ 光照：喜充足的光照
- 🪏 施肥：每月施磷钾为主的薄肥一次
- 🌡 温度：最低生长温度为5℃
- 💧 浇水：每10天左右浇水一次

特征简介 黑王子是多年生肉质草本植物，是石莲花的栽培品种。植株茎短，株幅15~20厘米，呈标准的莲座状；叶片肉质肥厚，匙形，顶端有小尖，叶色为黑紫色，在生长旺盛或光照不足时，中间呈深绿色；聚伞花序，红色或紫红色，小花；花期夏季。

多肉简介
景天科
番杏科
百合科
大戟科
龙舌兰科
仙人掌科
其他科

紫珍珠

别 名	纽伦堡珍珠
科 属	景天科石莲花属
产 地	墨西哥

☀ 光照：喜光照，忌烈日暴晒

🥄 施肥：生长期每20天左右施肥一次

🌡 温度：生长适温为15℃~25℃

💧 浇水：生长期保持土壤湿润，忌积水

`特征简介` 紫珍珠是多年生肉质草本植物，是星影和粉彩莲的种间杂种。植株中小型，呈紧密排列的莲座状；叶片肉质，光滑，匙形，腹部微微向内凹陷，先端圆钝，有小叶尖，被有少许白粉；叶色为粉紫色，叶缘呈粉白色，光照不足时叶色会呈现灰绿色或深绿色，光照充足时颜色亮丽；簇状花序，生于叶片中间，花色为略带紫色的橘色；花期夏末至初秋。

花之鹤

别 名	无
科 属	景天科石莲花属
产 地	墨西哥

☀ 光照：喜光照，夏季高温适当遮阴

🥄 施肥：生长期每月施肥一次

🌡 温度：生长适温为10℃~26℃

💧 浇水：生长期保持盆土稍湿润

`特征简介` 花之鹤是多年生肉质草本植物，是霜之鹤和花月夜的种间杂种。植株中小型，群生或单生；叶片互生，肉质，倒卵匙形，呈莲座状排列；叶片先端圆钝，有小叶尖，叶色为嫩绿色，光照充足时边缘呈红色；花开黄色；花期春季。

花月夜

别 名	红边石莲花
科 属	景天科石莲花属
产 地	墨西哥

☀ 光照：喜充足的光照

🖌 施肥：每月施薄肥一次

🌡 温度：生长适温为15℃~25℃

🫖 浇水：生长期保持盆土稍湿润

特征简介 花月夜是多年生肉质草本植物，有薄叶型和厚叶型两种。植株中小型，群生或单生；叶片为匙形，先端圆钝，有小叶尖，肉质，呈莲座状紧密排列；叶色为浅蓝色，叶缘有白边，光照充足时叶尖和叶缘变成红色；花黄色，铃铛形，五瓣；花期春季。

皮氏石莲

别 名	蓝石莲
科 属	景天科石莲花属
产 地	墨西哥

☀ 光照：喜光照，夏季高温适当遮阴

🖌 施肥：每月施薄肥一次

🌡 温度：最低生长温度为0℃

🫖 浇水：干透浇透

特征简介 皮氏石莲是多年生肉质草本植物。植株中小型，短茎，呈紧密排列的莲座状；叶片匙形，肉质，表面平滑，先端圆钝，有小叶尖；叶色为蓝色，被有白粉，光照不足时叶片会变为蓝绿色，光照充足时叶尖和叶缘带粉红色；穗状花序，花黄红色，倒钟形；花期春季。

露娜莲

别 名	劳拉、露娜
科 属	景天科石莲花属
产 地	美国加利福尼亚州

☀ 光照：喜光照，夏季高温适当遮阴

🖌 施肥：每月施薄肥一次

🌡 温度：生长适温为15℃~28℃

💧 浇水：生长期适度浇水

特征简介　露娜莲是多年生肉质草本植物，是静夜和丽娜莲的种间杂种。植株中小型，株高可达10厘米，株径可达20厘米；叶片卵圆形，肉质，先端有小叶尖；叶色灰绿色，被有白粉，边缘呈半透明状；阳光充足时叶色呈淡紫色或淡粉色；聚伞花序，花淡红色；花期春季。

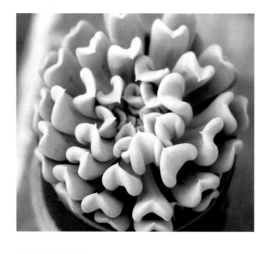

特玉莲

别 名	特叶玉蝶
科 属	景天科石莲花属
产 地	美国加利福尼亚州

☀ 光照：喜充足的光照

🖌 施肥：每月施磷钾为主的薄肥一次

🌡 温度：最低生长温度为5℃

💧 浇水：生长期保持盆土稍湿润

特征简介　特玉莲是多年生肉质草本植物，是鲁氏石莲花的变异品种。植株中型，株高20~30厘米，株幅25~35厘米；叶片肉质，呈莲座状排列，叶片为长条形，基部稍窄，顶端稍宽，两侧边缘向叶背反卷，在叶背中央形成一条明显的沟；叶顶端渐窄，有小叶尖，向莲座中心方向弯曲；叶正面有两到三道浅沟；叶色为蓝绿色至灰白色，被有白粉，光照充足时呈现淡粉红色；总状花序，拱形，高16~20厘米，花橙色或亮红色，花冠呈五边形；花期春秋季。

吉娃莲

别 名	吉娃娃
科 属	景天科石莲花属
产 地	墨西哥

☀ 光照：喜光照，夏季高温适当遮阴

🖌 施肥：每月施稀薄液肥一次

🌡 温度：生长适温为15℃~28℃

🫖 浇水：适量浇水，忌积水

特征简介 吉娃莲是多年生肉质草本植物。植株小型，易群生，无茎，呈紧密排列的莲座状；叶片卵形，肉质肥厚，被有浓厚的白粉，先端有小叶尖，叶背拱起如龙骨状；叶色为蓝绿色，光照充足时叶缘和叶尖呈玫瑰红色；穗状花序，花梗可达20厘米，花开红色，先端弯曲，钟状；花期春末至夏季。

白凤

别 名	无
科 属	景天科石莲花属
产 地	墨西哥

☀ 光照：喜光照，夏季高温适当遮阴

🖌 施肥：每月施薄肥一次

🌡 温度：生长适温为10℃~28℃

🫖 浇水：忌积水

特征简介 白凤是多年生肉质草本植物，是雪莲和霜之鹤的种间杂种。植株较大，有短茎，呈莲座状；叶片肉质，匙形，叶中间有一条凹槽，叶背有龙骨状凸起，先端有小叶尖；叶色为翠绿色，被有白粉，冬季叶背、叶缘、叶尖会泛红色；花自叶腋生出，歧伞花序，花红色，内橘色外粉红色，钟形，裂片五枚；花期秋季。

多肉简介

景天科

番杏科

百合科

大戟科

龙舌兰科

仙人掌科

其他科

舞会红裙

别 名	无
科 属	景天科石莲花属
产 地	墨西哥

☀ 光照：喜光照，夏季高温适当遮阴

🥄 施肥：生长期每月施肥一次

🌡 温度：生长适温为10℃~30℃

🪣 浇水：生长期保持盆土稍湿润

特征简介 舞会红裙是多年生肉质草本植物。植株中型，呈莲座状，有茎，单生或群生；叶片肉质，宽大，呈倒卵形，基部窄，先端宽，叶缘呈小波浪状，叶面有3~5条褶皱；叶片比高砂之翁要肥厚，叶色翠绿色至红褐色，被有白粉，叶缘为粉红色；穗状花序，有花梗，长度可达30厘米；花橘色，钟形；花期夏季。

罗密欧

别 名	金牛座
科 属	景天科石莲花属
产 地	墨西哥

☀ 光照：喜光照，耐半阴

🥄 施肥：每月施磷钾薄肥一次

🌡 温度：生长适温为10℃~25℃

🪣 浇水：干透浇透

特征简介 罗密欧是多年生肉质草本植物，属于东云系列。植株中型，株型端庄，易群生，呈紧密排列的莲座状；叶片为匙形，表面光滑，肉质肥厚，先端渐尖，叶背有龙骨状凸起；叶色为浅红色，叶尖紫红色或紫褐色，新叶带有绿色；聚伞圆锥花序，花梗长，花橙红色，锥状，花小，五瓣；花期春夏季。

女雏

别　名　红边石莲

科　属　景天科石莲花属

产　地　墨西哥

☀ 光照：喜光照，夏季高温适当遮阴

🪣 施肥：每月施稀薄液肥一次

🌡 温度：生长适温为15℃~25℃

💧 浇水：干透浇透

特征简介　女雏是多年生肉质草本植物。植株小型，群生，易生侧芽，呈紧密排列的莲座状，叶片肉质，匙形，细长，叶面平滑或稍内凹，叶背凸起有龙骨，先端有明显的小叶尖；叶片淡绿色，被有白粉，光照充足时叶缘和叶尖呈粉红色；花自叶腋生出，穗状花序，花黄色，倒吊钟形；花期春季。

厚叶月影

别　名　月影之宵、阿尔卑斯月影

科　属　景天科石莲花属

产　地　墨西哥

☀ 光照：喜光照

🪣 施肥：生长期每月施肥一次

🌡 温度：生长适温为10℃~25℃

💧 浇水：耐干旱，保持盆土干燥

特征简介　厚叶月影是多年生肉质草本植物。叶片紧密环形排列，呈莲座状；叶片肉质肥厚，半圆形，有小叶尖，叶背拱起，有不明显的棱，接近圆形，叶里几近平整，稍向内凹，叶面光滑有微白粉，叶片常年青蓝色，叶缘半透明，叶尖有粉红色；穗状花序，花形为倒钟形，五瓣，花开黄白色；花期夏季。

多肉简介

景天科

番杏科

百合科

大戟科

龙舌兰科

仙人掌科

其他科

红卷叶

别 名	无
科 属	景天科石莲花属
产 地	墨西哥

☀ 光照：喜光照，阴三天就会褪色

🥄 施肥：生长期每月施肥一次

🌡 温度：生长适温为10℃~25℃

💧 浇水：见干见湿

特征简介 红卷叶是多年生肉质植物，与立田外形相似。植株中小型，易群生，呈莲座状疏散排列；叶片互生，肉质肥厚，匙形，先端渐窄有尖，叶背拱起如龙骨，嫩绿色，表面有白粉，出状态后叶缘及其附近呈糖果般的红色。

红卷叶锦

别 名	无
科 属	景天科石莲花属
产 地	墨西哥

☀ 光照：喜光照，阴三天就会褪色

🥄 施肥：生长期每月施肥一次

🌡 温度：生长适温为10℃~25℃

💧 浇水：见干见湿

特征简介 红卷叶锦是多年生肉质植物，是红卷叶的锦变品种。植株中小型，易群生，呈莲座状疏散排列；叶片互生，肉质肥厚，比红卷叶更细，细长匙形，先端渐窄有尖，叶背拱起如龙骨，嫩绿色，表面有白粉，出状态后叶缘及其附近呈糖果般的红色。

乌木

别 名	黑檀汁
科 属	景天科石莲花属
产 地	墨西哥

☀ 光照：喜光照，耐半阴

🖐 施肥：生长期每月施肥一次

🌡 温度：生长适温为10℃~25℃

💧 浇水：耐干旱，怕水涝

特征简介　乌木是多年生肉质植物，是东云系列的一种。植株大型，呈莲座状排列；叶片宽大，广卵形至散三角卵形，前端斜尖锐利，叶背微微凸起如龙骨状，叶面平整，表面光滑，常为灰绿色至白灰色，出状态后叶缘和叶尖变成浅紫色或大紫红色；簇状花穗，花开五裂，浅黄色，先端红色。

酥皮鸭

别 名	无
科 属	景天科石莲花属
产 地	墨西哥

☀ 光照：喜光照，夏季适当遮阴

🖐 施肥：生长期每月施肥一次

🌡 温度：生长适温为15℃~25℃

💧 浇水：生长期每月浇水一次

特征简介　酥皮鸭是多年生肉质灌木植物。植株呈莲座状，易群生；叶片匙形，先端为三角形，有叶尖，叶背拱起有龙骨，正面向内凹陷，表面光滑，常为绿色或黄绿色，叶缘常有红边；出状态后叶面会有紫红色斑点；花小，钟形，橙色；花期春末夏初。

多肉简介

景天科

番杏科

百合科

大戟科

龙舌兰科

仙人掌科

其他科

昂斯诺

别 名	昂斯洛
科 属	景天科石莲花属
产 地	未知

☀ 光照：喜光照

🥄 施肥：生长期每月施肥一次

🌡 温度：冬季低于0℃应室内养护

🫗 浇水：干透浇透，避免积水

特征简介 昂斯诺是多年生多肉植物。植株中小型，有短茎，易群生；叶片肉质肥厚，匙形，有玉质感，呈紧密排列的莲座状，夏天颜色偏绿，春秋季加强光照，叶片会呈现非常美丽的果冻色，先端渐尖，有小叶尖；夏季应遮阴，并减少浇水量。

碧桃

别 名	鸡蛋莲、鸡蛋莲花、桃之娇、鸡蛋玉莲
科 属	景天科石莲花属
产 地	墨西哥

☀ 光照：春秋季节可以全日照，夏季要防止暴晒

🥄 施肥：生长期每月施肥一次

🌡 温度：生长适温为10℃~25℃

🫗 浇水：不干不浇，浇就浇透

特征简介 碧桃是多年生肉质植物，春秋型种。有细长茎干，分枝多，叶片簇生于枝头，呈莲座状疏散排列；叶片肥厚宽大，匙形，有小叶尖，叶缘微微发红，光照充足时有着鸡蛋般的颜色，看起来就像一朵鸡蛋莲花。

芙蓉雪莲

别 名	无
科 属	景天科石莲花属
产 地	未知

☀ 光照：喜光照，夏季适当遮阴

🖌 施肥：生长期每月施肥一次

🌡 温度：生长适温为10℃~25℃

🪴 浇水：生长期每月浇水一次，夏季减少

特征简介 芙蓉雪莲是多年生肉质植物，是由雪莲杂交而来的品种。植株可以长到非常巨大，呈莲座状；叶片扁平，倒卵形，先端渐尖，有小叶尖，表面有白粉，正常为白色，温差增大后会整株转变为粉红色。

橙梦露

别 名	无
科 属	景天科石莲花属
产 地	未知

☀ 光照：喜光照，夏季适当遮阴

🖌 施肥：生长期每月施肥一次

🌡 温度：生长适温为10℃~25℃

🪴 浇水：生长期每月浇水一次，夏季减少

特征简介 橙梦露是多年生肉质植物。植株中小型，是芙蓉雪莲的变种，但其叶片更厚；叶匙形，叶背拱起，叶片稍微向内凹陷，肉质肥厚，日照充足时叶片为橙红色，叶面有白绿色的粉末，粉易掉，难再生。

多肉简介

景天科

番杏科

百合科

大戟科

龙舌兰科

仙人掌科

其他科

东云赤星

别　名｜无

科　属｜景天科石莲花属

产　地｜墨西哥

☀ 光照：喜光照，稍耐半阴

🌱 施肥：生长期每月施肥一次

🌡 温度：生长适温为10℃~25℃，不耐寒

💧 浇水：耐干旱

特征简介 东云赤星是多年生肉质植物，是东云系列的一种。植株高可达60厘米，茎短，叶片呈莲座状，肉质，倒卵匙形，叶端为三角形，顶端有小尖，叶绿色，叶端为红色；聚伞花序，小花，红色或紫红色；花期6~8月。

东云口红

别　名｜魅惑之宵、红缘东云

科　属｜景天科石莲花属

产　地｜墨西哥

☀ 光照：喜光照，耐半阴

🌱 施肥：生长期每月施肥一次

🌡 温度：能耐零下4℃左右的低温

💧 浇水：见干见湿

特征简介 东云口红是多年生肉质植物。植株呈排列密集的莲座状，底座粗壮；叶片广卵形至散三角卵形，先端急尖，叶面光滑，背面凸起微呈龙骨状，嫩绿色，温差大的情况下给足光照，叶缘至叶尖大红色或艳红色；夏季高温休眠；簇状花穗，花微黄色，先端红色。

荷花

别 名	黄体花月夜
科 属	景天科石莲花属
产 地	墨西哥

☀ 光照：喜光照，日照要充足

🍶 施肥：每月施薄肥一次

🌡 温度：生长适温为15℃~25℃

💧 浇水：生长期保持盆土稍湿润

特征简介 荷花是多年生肉质植物，是花月夜系列的优选种。植株单生或群生；叶片肉质，匙形，呈莲座状排列；叶色浅蓝色带黄色，叶端圆钝有小尖；光照充足时，叶片尖端与叶缘转成红色；花有五瓣，铃铛形，黄色；花期春季。

红雏

别 名	无
科 属	景天科石莲花属
产 地	未知

☀ 光照：喜光照，日照要充足

🍶 施肥：每月施薄肥一次

🌡 温度：生长适温为15℃~25℃

💧 浇水：生长期保持盆土稍湿润

特征简介 红雏是多年生肉质植物，是花月夜系列的优选种。植株中小型，多单生，叶片肉质，对生，长匙形，先端三角形，有叶尖，叶背拱起，叶正面微微内凹，紧密排列成莲座状；叶色浅绿色，出状态后叶缘和叶尖为红色。

多肉简介

景天科

番杏科

百合科

大戟科

龙舌兰科

仙人掌科

其他科

荷叶莲

别 名	雪域、蓝巴黎
科 属	景天科石莲花属
产 地	墨西哥

☀ 光照：喜光照，夏季适当遮阴

🥄 施肥：每月施薄肥一次

🌡 温度：生长适温为15℃~25℃

💧 浇水：低温和高温时注意控水，干透浇透

特征简介　荷叶莲是多年生肉质植物。叶片互生，呈莲座状紧密排列；匙形，肉质肥厚，叶色为浅蓝色，有玉质感，叶端圆钝有小尖，叶端绿色，光照充足时叶缘和叶尖为红色。

红蜡东云

别 名	红东云
科 属	景天科石莲花属
产 地	墨西哥

☀ 光照：喜光照，夏季适当遮阴

🥄 施肥：生长期每月施肥一次

🌡 温度：生长适温为10℃~25℃

💧 浇水：见干见湿

特征简介　红蜡东云是多年生肉质植物，是东云系列的一种。无茎，排列呈莲座状；叶片肉质肥厚，匙形或长椭圆形，向内稍弯曲，先端渐尖，有小叶尖，绿色；在光照充足、温差适宜的环境下，叶片变成粉红色至深红带紫；花茎自叶腋抽出，聚伞花序，橙红色，小花；花期晚冬至春季。

卡罗拉

别 名	无
科 属	景天科石莲花属
产 地	美国科罗拉多州和墨西哥奇瓦瓦州

☀ 光照：喜光照，耐半阴

🖌 施肥：春秋两季为生长旺季，10天施
一次淡肥

🌡 温度：稍耐寒，能耐5℃的低温

💧 浇水：夏冬两季保持盆土干燥

特征简介　卡罗拉是多年生肉质植物，外形和吉娃娃非常相似。植株大型，呈莲座状，直径可达75厘米；叶片肉质肥厚，卵形，有小叶尖，蓝绿色，叶表面有浓厚的白粉，叶缘为深粉红色，光照充足时叶尖呈玫瑰红色；穗状花序，花梗细长，长35~75厘米，先端弯曲，钟状，花红色，花瓣外侧被黄红色。

蜡牡丹

别 名	无
科 属	景天科石莲花属
产 地	欧洲

☀ 光照：可全日照

🖌 施肥：一年施肥2~3次

🌡 温度：喜温暖，生长适温为15℃~28℃

💧 浇水：忌湿，10天浇水一次，夏季高
温时减少

特征简介　蜡牡丹是多年生肉质植物。植株易生侧芽，叶片沿茎生长，轮生，肉质肥厚，顶端呈莲座状；叶片为卵圆形或心形，有小叶尖，叶面中间内凹，两边中心部位凸起，整体形如牡丹；叶色为绿色，秋季光照充足时会变成红色或黄色，表面有蜡质光泽；花期春季。

多肉简介

景天科

番杏科

百合科

大戟科

龙舌兰科

仙人掌科

其他科

蓝鸟

别 名	无
科 属	景天科石莲花属
产 地	未知

☀ 光照：喜光照，夏季防暴晒和雨淋

🥄 施肥：生长期每月施肥一次

🌡 温度：生长适温为10℃~25℃

💧 浇水：秋冬季减少浇水

特征简介 蓝鸟是多年生肉质植物，是广寒宫和皮氏石莲的种间杂种，有很多种类。叶从基部生长，稍显扁平，匙形或倒卵形，先端渐窄有尖，蓝色，表面有厚厚的白粉，叶缘为红色，整体呈紧密排列的莲座状；穗状花序，蓝色花梗细长，小花，开黄色花。

丽娜莲

别 名	无
科 属	景天科石莲花属
产 地	墨西哥

☀ 光照：喜光照

🥄 施肥：不宜施过浓的肥

🌡 温度：生长适温为15℃~25℃，冬季温度尽量不低于0℃

💧 浇水：干透浇透，不能向叶面和叶心浇

特征简介 丽娜莲株高5~6厘米，株幅12~23厘米；叶片卵圆形，肉质，叶端有小尖，叶面中间向内凹，叶片的边缘有明显波折，呈玉色半透明或粉红色，叶片为灰绿色至灰蓝色，覆有淡紫罗兰色至淡粉色的白霜；聚伞花序，花浅红色；花期春季。

鲁氏石莲花

别 名	无
科 属	景天科石莲花属
产 地	墨西哥

☀ 光照：喜光照

🖌 施肥：生长期每月施肥一次

🌡 温度：生长适温为10℃~25℃

💧 浇水：夏季休眠期少水或不给水

特征简介 鲁氏石莲花是多年生肉质植物。植株中小型，茎矮小，呈莲座状密集排列；叶片肉质，匙形，先端渐窄，有叶尖，表面光滑有白粉，叶色为蓝白色或紫白色；穗状花序，花形为倒钟形，黄红色；花期春季。

玫瑰莲

别 名	无
科 属	景天科石莲花属
产 地	墨西哥

☀ 光照：喜光照，稍耐半阴

🖌 施肥：生长期每月施肥一次

🌡 温度：不太耐寒，最低温度不应低于5℃

💧 浇水：耐干旱，夏季高温注意控水

特征简介 玫瑰莲是多年生肉质草本植物。植株中小型，茎矮小，易群生，呈莲座状密集排列；叶片肉质，匙形，先端渐窄，有叶尖，叶背凸起，中间有一条不明显的棱，叶面和叶背有绒毛，叶缘有少量绒毛，叶色微蓝，边和棱都带红色；聚伞花序，花开黄色。

多肉简介

景天科

番杏科

百合科

大戟科

龙舌兰科

仙人掌科

其他科

美尼王妃晃

别 名	王妃美尼晃
科 属	景天科石莲花属
产 地	墨西哥

☀ 光照：喜光照，耐半阴

🥄 施肥：生长期每月施肥一次

🌡 温度：生长适温为10℃~25℃

💧 浇水：耐干旱，怕水涝

特征简介　美尼王妃晃是多年生肉质植物，据说是锦晃司和姬莲的种间杂种。植株呈莲座状，易群生；叶片为匙形，先端渐窄有尖，叶背拱起似龙骨状，叶色为嫩绿色，表面有一层细细的白色细毛，出状态后叶色会变成红色。

密叶莲

别 名	达利
科 属	景天科石莲花属
产 地	韩国

☀ 光照：春秋季节应给予充分的光照

🥄 施肥：生长期每月施肥一次

🌡 温度：最低生长温度为0℃

💧 浇水：干透浇透

特征简介　密叶莲是多年生肉质植物。植株中小型，易群生，单头最大可达8厘米，呈紧密排列的莲座状；叶片为细长匙形，先端渐窄更接近三角形，有叶尖，叶背拱起有龙骨，叶面微微内凹，嫩绿色，出状态后变成红色；花小，钟形，白色；花期春末。

七福美尼

别 名	娜娜胡可、娜娜小勾
科 属	景天科石莲花属
产 地	墨西哥

☀ 光照：喜光照，稍耐半阴

🖌 施肥：生长期每月施肥一次

🌡 温度：不耐寒，生长适温为10℃~25℃

💧 浇水：耐干旱，怕水涝

特征简介 七福美尼是多年生肉质植物，是七福神和姬莲的种间杂种。植株中小型，呈莲座状排列；叶片更接近圆形，肉质，叶背拱起，有龙骨，叶面内凹有凹痕，有明显的小叶尖，表面有白粉，蓝绿色，出状态后整株或叶缘呈现粉红色或紫红色。

七福神

别 名	无
科 属	景天科石莲花属
产 地	墨西哥

☀ 光照：春秋季是生长期，可以全日照，夏季通风遮阴

🖌 施肥：生长期每月施肥一次

🌡 温度：最低温度为零下3℃

💧 浇水：0℃以下保持盆土干燥，干透浇透，不干不浇

特征简介 七福神是多年生肉质植物。整个植株叶片微微向叶心合拢，呈标准排列的莲座状；叶片为匙形，有小叶尖，叶背拱起，叶面稍稍内凹，叶面光滑有微白粉，常为浅蓝色，叶尖为红色，温差大时红色更明显；穗状花序，花为倒钟形，先端五裂；花期7~10月。

多肉简介

景天科

番杏科

百合科

大戟科

龙舌兰科

仙人掌科

其他科

巧克力方砖

别 名	无
科 属	景天科石莲花属
产 地	墨西哥

☀ 光照：喜光照，夏季适当遮阴

🥄 施肥：生长期每月施肥一次

🌡 温度：生长适温为15℃~25℃

💧 浇水：干透浇透，夏季高温时注意控水

特征简介 巧克力方砖是多年生肉质草本植物。植株中小型，单头一般2~3厘米，呈排列松散的莲座状；叶片为圆匙形，叶背拱起有龙骨，叶面内凹有凹痕，叶色多为紫褐色偏黑色，表面光滑无粉。

三色堇

别 名	无
科 属	景天科石莲花属
产 地	未知

☀ 光照：喜光照，夏季适当遮阴

🥄 施肥：生长期每月施肥一次

🌡 温度：冬季入室保温，室温在10℃左右

💧 浇水：耐干旱，不干不浇，浇则浇透

特征简介 三色堇是多年生肉质植物。植株呈紧密排列的莲座状，可长出粗壮的老桩；叶片较细长，匙形或倒卵形，先端有斜边，有小叶尖，叶背拱起如龙骨，正面内凹，翠绿色，表面覆盖白粉，出状态后莲座外缘的叶片会变成粉红色或黄红色，中心叶片的叶尖会变成红色。

沙漠之星

别 名	无
科 属	景天科石莲花属
产 地	非洲

☀ 光照：喜光照，夏季适当遮阴

🥄 施肥：生长期每月施肥一次

🌡 温度：生长适温为10℃~30℃

🫖 浇水：夏季高温休眠，冬季0℃以下少
浇水或断水

特征简介 沙漠之星是多年生肉质植物。茎矮，植株呈紧密排列的莲座状；叶片匙形，叶缘有较厚的小波浪状褶皱，有叶尖，叶色为蓝粉色，新叶比老叶色浅；表面有白粉；穗状花序，花梗细长，蓝粉色，花为倒钟形，红色。

砂糖

别 名	蜜糖
科 属	景天科石莲花属
产 地	韩国

☀ 光照：喜光照，夏季适当遮阴

🥄 施肥：生长期每月施肥一次

🌡 温度：生长适温为15℃~25℃

🫖 浇水：生长期每月浇水一次

特征简介 砂糖是多年生肉质植物。植株中小型，易群生，茎细长，呈莲座状疏散排列；叶片匙形，有小叶尖，叶背拱起有龙骨，正面平整，嫩绿色，出状态后叶缘为红色，表面有细微的白毛，有磨砂的质感。

多肉简介

景天科

番杏科

百合科

大戟科

龙舌兰科

仙人掌科

其他科

胜者骑兵

别　名	新圣骑兵
科　属	景天科石莲花属
产　地	墨西哥

☀ 光照：喜光照，夏季适当遮阴

🥄 施肥：每月施磷钾为主的薄肥一次

🌡 温度：生长适温为10℃~25℃

💧 浇水：干透浇透

特征简介 胜者骑兵是多年生肉质植物，是长叶系的东云品种。易群生，叶片均向中心略弯，呈莲座状紧密排列，肉质肥厚狭长，倒卵形，叶端长而尖锐，叶背拱起有龙骨，正面微微内凹，表面布有白色斑点；出状态后整株或叶缘呈红色。

天狼星

别　名	思锐
科　属	景天科石莲花属
产　地	未知

☀ 光照：喜光照，耐半阴

🥄 施肥：生长期（9月至次年6月）每月施肥一次

🌡 温度：生长适温为10℃~25℃

💧 浇水：怕水涝，耐干旱

特征简介 天狼星是多年生肉质植物，是东云的培育品种。植株中小型，呈紧密排列的莲座状；叶片广卵形，先端尖，有叶尖，叶背拱起有龙骨，正面内凹，表面有白粉，常年灰绿色或白绿色，出状态后叶缘和叶尖呈红色或紫红色；簇状花穗，花微黄色，五裂。

丸叶鬼骨红司

别　名　无

科　属　景天科石莲花属

产　地　墨西哥

☀ 光照：喜光照，耐半阴

🖌 施肥：生长期每月施肥一次

🌡 温度：不耐寒，生长适温为15℃~25℃

💧 浇水：耐干旱，干透浇透

特征简介　丸叶鬼骨红司是多年生肉质植物，是红司的变种，比红司更加纤细。叶片轮生，匙形，有小叶尖，叶背拱起有龙骨，正面内凹，叶面有非常特色的紫红色花纹，叶缘为红色。

相府莲

别　名　无

科　属　景天科石莲花属

产　地　墨西哥

☀ 光照：喜光照，耐半阴

🖌 施肥：每月施磷钾为主的薄肥一次

🌡 温度：生长适温为10℃~25℃

💧 浇水：干透浇透

特征简介　相府莲是多年生肉质植物，是大型东云品种。植株呈莲座状紧密排列，直径可达30厘米，易群生；叶片为细长匙形，先端渐窄，有小叶尖，叶背拱起有龙骨，正面稍稍内凹，常为绿色，叶尖为红色；花开红色，花序多，花头多。

多肉简介

景天科

番杏科

百合科

大戟科

龙舌兰科

仙人掌科

其他科

小红衣

别　名 | 新版小红衣、小红莓、文森特卡托
科　属 | 景天科石莲花属
产　地 | 未知

☀ 光照：喜光照

🥄 施肥：生长期每月施肥一次

🌡 温度：生长适温为15℃~25℃

💧 浇水：10天左右浇一次水

特征简介　小红衣是多年生肉质植物。植株呈莲座状紧密排列；叶片为微扁的卵形，叶背拱起有龙骨，正面微微内卷，有小叶尖，叶尖两侧有凸出的薄翼，叶色为蓝绿色，强光状态下叶尖和叶缘会呈红色；穗状花序，花梗细长，花为倒钟形，花背为黄色，中心为红色。

小蓝衣

别　名 | 无
科　属 | 景天科石莲花属
产　地 | 未知

☀ 光照：喜光照

🥄 施肥：生长期每月施肥一次

🌡 温度：生长适温为15℃~25℃

💧 浇水：10天左右浇一次水

特征简介　小蓝衣是多年生肉质植物。植株呈莲座状紧密排列，易群生；叶片为微扁的卵形，先端呈三角形，有小叶尖，叶尖两侧和叶缘有不太密集的长绒毛，叶色为蓝色，表面有白粉；聚伞花序，花开红色或紫红色。

雨燕座

别 名	天燕座
科 属	景天科石莲花属
产 地	未知

☀ 光照：喜光照，夏季需适当遮阴

🥄 施肥：生长期每月施肥一次

🌡 温度：不耐寒，冬季应放在室内养护

💧 浇水：耐干旱，保持盆土湿润即可

特征简介 雨燕座是多年生肉质植物，是星座系的石莲品种之一。植株较大，呈紧密排列的莲座状；叶片较细长，匙形，先端渐窄有叶尖，叶背拱起有模糊的龙骨，叶色为蓝白色，表面有白粉；叶片均向植株中心靠拢，呈莲花含苞待放的样子。

玉杯东云

别 名	冰莓东云
科 属	景天科石莲花属
产 地	墨西哥

☀ 光照：喜光照，耐半阴

🥄 施肥：每月施磷钾为主的薄肥一次

🌡 温度：生长适温为10℃~25℃

💧 浇水：干透浇透

特征简介 玉杯东云是多年生肉质植物。植株易群生，叶片密集生长，匙形，肉质肥厚，先端渐尖，嫩绿色，出状态后整株或叶缘呈红色；玉杯东云在不同的养护环境下，品相会差很多。

多肉简介

景天科

番杏科

百合科

大戟科

龙舌兰科

仙人掌科

其他科

原始晨光

别 名	无
科 属	景天科石莲花属
产 地	未知

☀ 光照：喜光照，夏季适当遮阴

🥄 施肥：生长期每月施肥一次

🌡 温度：生长适温为10℃~25℃

💧 浇水：生长期保持盆土湿润即可

特征简介　原始晨光是多年生肉质植物，是晨光的原始种，由广寒宫和沙维娜杂交而来。植株呈莲座状，叶片为圆匙形，先端有钝尖，叶缘为波浪状褶皱，叶色为紫灰色，表面有白粉；夏季无明显休眠。

原始黑爪

别 名	无
科 属	景天科石莲花属
产 地	墨西哥北部

☀ 光照：喜光照，耐半阴

🥄 施肥：生长期（9月至次年6月）每月
　　　　施肥一次

🌡 温度：生长适温为10℃~25℃

💧 浇水：怕水涝，忌闷热潮湿

特征简介　原始黑爪是多年生肉质植物，是黑爪的原始种。植株中小型，呈紧密排列的莲座状，易群生；叶片匙形，肉质肥厚，先端三角形，有红褐色的小叶尖，叶背拱起有龙骨，正面内凹有凹痕，翠绿色，表面有白粉；穗状花序，花微黄色，先端五裂。

原始绿爪

别　名	无
科　属	景天科石莲花属
产　地	墨西哥北部

☀ 光照：喜光照，耐半阴

🖌 施肥：生长期每月施肥一次

🌡 温度：生长适温为10℃~25℃

💧 浇水：怕水涝，忌闷热潮湿

特征简介　原始绿爪是多年生肉质植物，是绿爪的原始种。植株中小型，呈紧密排列的莲座状，易群生；叶片匙形，顶端向莲座中心弯曲，肉质肥厚，先端三角形，叶尖红底有黑色爪刺，叶背拱起有龙骨，正面内凹有凹痕，暗绿色，表面有白粉。

子持白莲

别　名	帕米尔玫瑰
科　属	景天科石莲花属
产　地	中国新疆

☀ 光照：春秋季是生长期，可以全日照

🖌 施肥：生长期每月施肥一次

🌡 温度：生长适温为15℃~25℃

💧 浇水：夏季每月浇水4~5次

特征简介　子持白莲是多年生肉质植物。植株小型，呈紧密排列的莲座状，易群生；叶片匙形，先端有小叶尖，叶背拱起有龙骨，正面平整，嫩绿色，表面有白粉；出状态后叶片会微微泛红；穗状花序，花倒钟形，花瓣4~5片，黄色；花期春季。

多肉简介

景天科

番杏科

百合科

大戟科

龙舌兰科

仙人掌科

其他科

广寒宫

别　名	无
科　属	景天科石莲花属
产　地	墨西哥

☀ 光照：喜光照

🍃 施肥：生长期每月施薄肥一次

🌡 温度：较耐冻，冬天0℃以上即可安
　　　全越冬

💧 浇水：生长期每月浇水一次

特征简介　广寒宫是多年生肉质植物。植株呈莲座状，直径可达30~40厘米；叶片扁平宽大，长可达20厘米，宽7厘米，倒卵形，先端渐窄，有小叶尖，宝石蓝色，叶缘为红色，朝上的一面平坦或中部凹陷，表面有白粉；聚伞圆锥花序，长达45~60厘米，花色为橙色至粉色。

范女王

别　名	无
科　属	景天科石莲花属
产　地	未知

☀ 光照：喜光照，耐半阴

🍃 施肥：生长期每20天左右施肥一次

🌡 温度：生长适温为15℃~25℃

💧 浇水：干透浇透

特征简介　范女王是多年生肉质植物。植株易群生，呈紧密排列的莲座状；叶片对生，匙形，有小叶尖，叶背拱起有龙骨，正面微微内凹，青绿色，叶面有白粉；出状态后叶色可变成粉绿色、粉蓝色或粉橙色；花小，钟形，橙色；花期春季。

红宝石

别　名	无
科　属	景天科佛甲莲属
产　地	未知

☀ 光照：喜光照

🖌 施肥：生长期每月施肥一次

🌡 温度：生长适温为10℃~28℃

🫖 浇水：干透浇透

特征简介　红宝石是多年生肉质植物，是石莲花属和景天属的属间杂种。植株小型，呈莲座状，易群生；叶片为匙形，先端渐窄有尖，叶背拱起似龙骨状，叶面为绿色，叶缘为红色；光照充足时整株变成红色，如红宝石一般，另外也有一种多肉植物叫红宝石，但并非同一植物。

蓝宝石

别　名	无
科　属	景天科佛甲莲属
产　地	墨西哥瓦哈卡州

☀ 光照：春秋季是生长期，可以全日照

🖌 施肥：生长期每月施肥一次

🌡 温度：生长适温为10℃~28℃

🫖 浇水：夏季休眠时控水，冬季低温时断水

特征简介　蓝宝石是多年生肉质植物，是石莲花属和景天属的属间杂种。植株小型，呈莲座状，易群生；叶片为匙形，先端渐窄有尖，叶背拱起似龙骨状，叶面为带有白霜的蓝灰色，叶缘为红色；出状态后会变成红色或粉红色；总状花序，花梗较长，花瓣长圆形，近花梗处红橙色，上部黄色。

多肉简介

景天科

番杏科

百合科

大戟科

龙舌兰科

仙人掌科

其他科

紫梦

别 名	无
科 属	景天科风车莲属
产 地	未知

☀ 光照：喜光照，夏季适当遮阴

🥄 施肥：生长期每月施肥一次

🌡 温度：冬季入室保温，室温应在10℃左右

💧 浇水：不干不浇，浇则浇透

特征简介　紫梦是多年生肉质植物，是风车属和石莲花属的属间杂种。植株小型，呈紧密排列的莲座状，易群生；叶片匙形，先端有小叶尖，叶背拱起有龙骨，正面平整，叶色为嫩绿色，易变紫色，出状态后整株都为紫色。

初恋

别 名	无
科 属	景天科风车莲属
产 地	英国

☀ 光照：喜光照，耐半阴

🥄 施肥：生长期每20天左右施肥一次

🌡 温度：生长适温为15℃~25℃

💧 浇水：干透浇透

特征简介　初恋是多年生肉质草本植物，是石莲花属和风车草属的属间杂种。植株中小型，呈松散排列的莲座状，有茎，群生，易生侧芽，侧芽从基部抽出；叶片肉质，较薄较长，匙形，被有白粉，先端渐尖，叶面中间微微向内凹陷，叶背有龙骨；叶色为浅蓝色或蓝绿色，阳光充足时叶片呈现为粉红色，半日照或日照不足时叶片呈现为蓝绿色；聚伞花序，花黄色，钟形，五瓣；花期春末。

虹之玉

别 名	白花景天、玉米石、圣诞快乐、耳坠草
科 属	景天科景天属
产 地	墨西哥

☀ 光照：喜光照，夏季适当遮阴

🖌 施肥：每月施有机液肥一次

🌡 温度：生长适温为10℃~25℃

💧 浇水：不干不浇，浇则浇透

特征简介 虹之玉是多年生肉质草本植物。植株中小型，株高可达15厘米，易群生；枝干细长，肉质，新枝绿色，老枝红褐色；叶片互生，肉质，圆筒形至卵形，长1~2厘米；叶绿色，表皮光亮无白粉，光照充足时顶端呈红褐色；聚伞花序，花淡黄红色，小花，星状；花期冬季。

虹之玉锦

别 名	无
科 属	景天科景天属
产 地	墨西哥

☀ 光照：喜光照，夏季适当遮阴

🖌 施肥：生长期每20天左右施肥一次

🌡 温度：最低生长温度为10℃

💧 浇水：生长期适量浇水

特征简介 虹之玉锦是多年生肉质草本植物，是虹之玉的斑锦品种。植株中小型，株高可达20厘米左右，直立生长，顶端排列成莲座状，易群生；枝干细长；叶片肉质，轮生，圆筒形至卵形，长可达4厘米；叶面光滑，无白粉，先端平滑圆钝，叶片上部粉白相间，颜色较虹之玉浅，叶片中间为浅绿色；聚伞花序，花淡黄色，星状；花期夏季。

多肉简介
景天科
番杏科
百合科
大戟科
龙舌兰科
仙人掌科
其他科

蒂亚

別 名 | 绿焰

科 属 | 景天科景天属

产 地 | 墨西哥

☀ 光照：喜光照，稍耐半阴

🥄 施肥：每月施稀薄液肥一次

🌡 温度：耐寒，最低生长温度为3℃

🫖 浇水：耐干旱，生长期不必过多浇水

特征简介 蒂亚是多年生肉质草本植物，肉有毒。植株中小型，株高可达20厘米，株幅可达12厘米，茎长，圆柱状，红褐色，分枝多生于茎基部；叶片肉质肥厚，卵形，先端有小叶尖，叶面微微内凹，叶背有龙骨，呈莲座状紧密排列；叶缘有极短的硬毛刺；叶片嫩绿色，在光照充足且温差大的情况下，叶缘和叶尖呈红色或整体呈红色；花小，钟形，白色，有花梗；花期春季。

黄丽

別 名 | 宝石花

科 属 | 景天科景天属

产 地 | 墨西哥

☀ 光照：喜光照，耐半阴

🥄 施肥：每月施薄液肥一次

🌡 温度：生长适温为15℃~25℃

🫖 浇水：干透浇透

特征简介 黄丽是多年生肉质草本植物。植株小型，高8~14厘米，有短茎，呈松散排列的莲座状；叶片为长匙形，肉质肥厚，表面平滑，先端渐尖，叶背拱起呈半圆形；叶色为黄绿色，表面蜡质，光照充足时叶缘泛红；聚伞花序，花小，浅黄色，单瓣，较少开花；花期夏季。

佛甲草

别名	佛指甲、万年草
科属	景天科景天属
产地	中国

☀ 光照：喜阴凉，忌暴晒

🖌 施肥：全年施肥2~3次

🌡 温度：生长适温为13℃~23℃

💧 浇水：保持盆土湿润，及时浇水

特征简介 佛甲草是多年生肉质草本植物。植株中小型，株高可达30厘米，肉质茎高可达20厘米，茎干于地面匍匐生长，纤细而光滑；叶肉质，三片轮生于枝干，线状披针形，长1~2厘米，细长，先端渐尖，基部无柄，较稀疏；叶色为翠绿色，全年常青；聚伞花序，顶生，花黄色，五瓣，细小披针形，小花，花柱较短；花期夏季。

汤姆漫画

别名	漫画汤姆
科属	景天科景天属
产地	未知

☀ 光照：喜光照，忌烈日暴晒

🖌 施肥：每月施有机液肥一次

🌡 温度：生长适温为15℃~28℃

💧 浇水：不干不浇，浇则浇透

特征简介 汤姆漫画是多年生肉质草本植物。植株小型，多分枝，茎细长，红褐色；叶片肉质，簇生于枝头，短匙形，先端渐窄，有小叶尖；叶绿色，光照充足时叶尖呈红褐色，被有白粉。

八千代

别 名	无
科 属	景天科景天属
产 地	墨西哥

☀ 光照: 喜充足的光照

🥄 施肥: 生长期每月施肥一次

🌡 温度: 不耐寒,生长适温为15℃~25℃

💧 浇水: 10天左右浇水一次,忌积水

特征简介 八千代是小灌木状肉质植物。植株小型,株高20~30厘米,多分枝,茎呈细长棒状,灰褐色,木质感,有深褐色的斑点;叶片簇生于枝头,长3~4厘米,粗约0.4~0.6厘米,肉质,稍细长,圆柱状,稍向上弯,叶两端稍细,顶端圆钝;叶色为嫩绿色或浅蓝色,在温差较大、日照充足的情况下顶端变为橙黄色;花小,黄色;花期春季。

小松绿

别 名	球松
科 属	景天科景天属
产 地	阿尔及利亚

☀ 光照: 喜光照,夏季适当遮阴

🥄 施肥: 每月施稀薄液肥一次

🌡 温度: 最低生长温度为5℃

💧 浇水: 夏季控制浇水,忌积水

特征简介 小松绿是多年生常绿草本植物。植株小型,株高10厘米左右,多分枝;茎短,密生红褐色的细毛;叶肉质,圆柱形或披针形,长1厘米左右,聚生于枝梢顶端,呈放射状;叶绿色至深绿色,全年常绿;聚伞花序,花黄色,较小;花期春季。

姬星美人

别 名	无
科 属	景天科景天属
产 地	西亚与北非的干旱地区

☀ 光照：喜充足的光照

🖐 施肥：生长期每月施肥一次

🌡 温度：生长适温为15℃~25℃

💧 浇水：冬季控制浇水，忌积水

特征简介 姬星美人是多年生肉质植物。植株低矮，群生，茎多分枝；叶片肉质，倒卵圆形，长2厘米左右，互生，膨大；叶色为蓝绿色，阳光不足时叶片紧凑，节茎伸长，徒长明显，易伏倒；阳光充足时叶片呈现蓝粉色，植株会变矮小，匍匐于盆土；花粉白色；花期春季。

乙女心

别 名	无
科 属	景天科景天属
产 地	墨西哥

☀ 光照：喜充足的光照

🖐 施肥：秋季可以施肥1~2次

🌡 温度：生长适温为15℃~25℃

💧 浇水：见干浇水，夏季少浇水

特征简介 乙女心是灌木状肉质植物。植株中小型，有短茎，枝干细且短，嫩绿色；叶片肉质肥厚，呈圆柱状或卵形，长3~5厘米，先端较基部稍肥大，簇生于枝干顶端；叶色为浅绿色或淡蓝色，被有细微白粉，先端呈粉红色，新叶较老叶色深，阳光充足时叶色变为粉红色至深红色；花较小，黄色；花期春季。

多肉简介

景天科

番杏科

百合科

大戟科

龙舌兰科

仙人掌科

其他科

薄雪万年草

别 名	矾小松
科 属	景天科景天属
产 地	西班牙

☀ 光照：喜光照，盛夏适当遮阴

🥄 施肥：耐贫瘠，对施肥要求不严

🌡 温度：生长适温为18℃~25℃

💧 浇水：生长期保持盆土湿润

特征简介 薄雪万年草是多年生肉质草本植物。植株小型，呈群生状，生有须根，茎匍匐生长；叶片呈细小棒状，簇生于枝干，基部抱茎，表面覆有少许白色蜡粉；叶色为翠绿色，光照不足时叶片排列会较松散；花六瓣，星形，粉白色；花期夏季。

千佛手

别 名	菊丸、王玉珠帘
科 属	景天科景天属
产 地	未知

☀ 光照：喜光照，盛夏适当遮阴

🥄 施肥：每月施薄肥一次

🌡 温度：生长适温为18℃~25℃

💧 浇水：每月浇水1~2次

特征简介 千佛手是多年生肉质植物。植株中小型，株高20厘米左右，易群生，有短茎；叶片为椭圆披针形，微微向内弯，肉质肥厚，长3厘米，粗1厘米，先端较尖，呈莲座状排列；叶色为青绿色，表面光滑；聚伞花序，花黄色，星状；花初开时被绿叶包拢，张开时露出花苞；花期春夏季。

翡翠景天

别　名	玉珠帘、串珠草、玉串驴尾、松鼠掌
科　属	景天科景天属
产　地	墨西哥

☀ 光照：喜光照，盛夏适当遮阴

🖌 施肥：每月施钾肥一次

🌡 温度：生长适温为10℃~30℃

💧 浇水：生长期保持土壤稍干燥

特征简介　翡翠景天是多年生肉质草本植物。植株中小型，匍匐下垂生长，茎翠绿肉质；叶片肉质肥厚，呈圆筒披针形，较粗短，轮生，较弯曲，似香蕉，长1.5~2厘米，先端渐尖；叶片排列紧密，好似松鼠尾巴；叶色为青绿色，表面被有白粉；花生于叶腋，有花梗，桃红色，钟形；花期春季。

珊瑚珠

别　名	锦珠
科　属	景天科景天属
产　地	墨西哥

☀ 光照：喜光照，夏季适当遮阴

🖌 施肥：夏季休眠期应少施肥

🌡 温度：生长适温为10℃~30℃

💧 浇水：不干不浇，浇则浇透

特征简介　珊瑚珠是多年生肉质草本植物。植株小型，群生，向上直立生长，易分枝；株高8~15厘米，茎细；叶片肉质肥厚，交互对生，卵圆形，先端渐尖似米粒，长1~2厘米，表面有细短绒毛；叶片在光照充足或温差大时，会变成红褐色或紫红色，泛有光泽，像赤豆、红珠子或成熟的葡萄，光照不足时呈绿色；花成串开放，白色，花梗较长；花期秋季。

新玉缀

别 名	维州景天、新玉串
科 属	景天科景天属
产 地	墨西哥

☀ 光照：喜光照，盛夏适当遮阴

🥄 施肥：每月施稀薄液肥一次

🌡 温度：生长适温为10℃~32℃

💧 浇水：每月浇透一次

特征简介　新玉缀是多年生肉质草本植物。植株中小型，株高15厘米，茎细；叶片肉质肥厚，卵圆形，先端渐尖，似米粒状，表皮光滑，长1厘米，排列紧凑不弯曲，可长成玉串，触碰易脱落；叶色为翠绿色，表面有薄层的白粉；花钟形，桃红色，花蕊黄色。

天使之泪

别 名	圆叶八千代
科 属	景天科景天属
产 地	墨西哥

☀ 光照：喜光照，夏季高温适当遮阴

🥄 施肥：每月施薄肥一次

🌡 温度：生长适温为10℃~30℃

💧 浇水：干透浇透

特征简介　天使之泪是多年生肉质草本植物。植株小型，多分枝，茎肉质，直立生长；叶片倒卵形，肉质肥厚，轮生于枝干，顶端密生；叶片微微向上弯曲，叶背凸起，先端圆润；叶色翠绿色至黄绿色，叶面光滑，有少许白粉，阳光充足时叶片呈黄色；簇状花序，花小，数量多，黄色，六瓣；花期秋季。

春萌

别 名	无
科 属	景天科景天属
产 地	墨西哥

☀ 光照：喜光照，春夏秋是生长期

🖐 施肥：生长期每月施肥一次

🌡 温度：生长适温为15℃~25℃

💧 浇水：生长期每月浇水一次

特征简介 春萌是多年生肉质灌木。茎短，低矮，有分枝，叶生于枝头，莲座状，叶头尖，叶片小而幼圆，匙形，如女孩的指尖，非常萌动；叶绿色，微微泛黄，肉质，有玉质感；光照充足时叶尖会发红；生长迅速，易形成老桩。

春上

别 名	椿上
科 属	景天科景天属
产 地	墨西哥

☀ 光照：全日照

🖐 施肥：生长期每月施肥一次

🌡 温度：最低温度为0℃

💧 浇水：不干不浇，干透浇透

特征简介 春上是多年生肉质灌木。植株微小型，茎细短，黄绿色，有分枝，易群生；叶簇生于茎端，呈莲座状，叶片倒卵形，有小叶尖，绿色，长满短小绒毛，肉质异常，好似肥嘟嘟的手指，十分可爱；簇状花序，开白色花，五角星形。

多肉简介

景天科

番杏科

百合科

大戟科

龙舌兰科

仙人掌科

其他科

春之奇迹

别 名	薄毛万年草
科 属	景天科景天属
产 地	墨西哥

☀ 光照：喜光照，夏天适当遮阴

🥄 施肥：生长期每月施肥一次

🌡 温度：生长适温为10℃~25℃，忌高温

💧 浇水：生长期20天左右浇一次水

特征简介 春之奇迹是多年生肉质植物。茎干细长，褐红色；叶片为小铲子形状，先端宽大，尾端渐细，叶片绿色，叶片与茎干的连接处为白色，叶片上有许多小绒毛，在某些特殊环境下可以整株变成粉色；开小花，粉红色；花期9月。

大姬星美人

别 名	无
科 属	景天科景天属
产 地	非洲

☀ 光照：喜光照，日照要充足

🥄 施肥：生长期每月施肥一次

🌡 温度：生长适温为13℃~23℃

💧 浇水：冬季控制浇水，忌积水

特征简介 大姬星美人是多年生肉质植物，与姬星美人外观相似。个头较大，叶片光滑无毛；植株易生侧芽，能长成大串的一群；叶片互生，呈莲座状，绿色，肉质肥厚，匙形，有小叶尖，休眠期会慢慢变为粉红色；开白色花，5~6瓣，花苞中间微粉。

铭月

别 名	无
科 属	景天科景天属
产 地	墨西哥

☀ 光照：喜光照，夏季高温需遮阴

🥄 施肥：生长期每月施肥一次

🌡 温度：冬季温度不低于10℃

💧 浇水：春秋是生长旺季，浇水不易过多

特征简介　铭月是多年生肉质亚灌木植物。茎长，直立或蔓生，可达10~30厘米，多分枝，易群生，植株为疏散排列的莲座状；叶片覆瓦状互生，倒卵形或披针形，长约1~3厘米，先端锐利，叶背拱起，叶面平整，常为嫩绿色，出状态后叶缘或整株呈金黄色或橘黄色；伞状花序，花梗长约1厘米；花开五瓣，三角形至圆球形，花瓣呈椭圆形。

乔伊斯塔洛克

别 名	塔洛克
科 属	景天科景天属
产 地	韩国

☀ 光照：喜光照，夏季适当遮阴

🥄 施肥：生长期每月施肥一次

🌡 温度：生长适温为15℃~30℃

💧 浇水：夏季高温和冬季低温时应停止浇水

特征简介　乔伊斯塔洛克是多年生肉质灌木植物，是薄毛万年草和松之绿的种间杂种。植株小型，易群生，分枝多，叶片呈莲座状紧密排列；叶片为匙形或舟形，先端钝，无叶尖，叶背凸起，龙骨不明显，正面微微内凹，嫩绿色，叶缘有红晕，叶面被有细小绒毛；出状态后红色更明显或整株变成红色；聚伞花序，花梗红色，花开五瓣，星形，外瓣粉色，内瓣白色；花期4~5月。

木樨甜心

别 名	甜心、甜心景天、木樨景天
科 属	景天科景天属
产 地	未知

☀ 光照：喜光照，耐半阴

🥄 施肥：生长期（9月至次年6月）每月
施肥一次

🌡 温度：生长适温为10℃~25℃

💧 浇水：怕水涝，耐干旱

特征简介 木樨甜心是多年生肉质植物。植株易群生，呈莲座状排列；叶片为匙形，先端有斜边，有小叶尖，叶背拱起有龙骨，正面内凹，常为嫩绿色，表面有白粉时呈蓝白色；出状态后叶缘呈浅红色；簇状花序，花白色。

旋叶姬星美人

别 名	无
科 属	景天科景天属
产 地	非洲

☀ 光照：喜光照，日照要充足

🥄 施肥：生长期每月施肥一次

🌡 温度：生长适温为13℃~23℃

💧 浇水：冬季控制浇水，忌积水

特征简介 旋叶姬星美人是多年生肉质植物，外观与大姬星美人相似。植株低矮，茎多分枝，群生，叶片旋转排列；叶片肉质，膨大互生，倒卵圆形，长2厘米左右；叶蓝绿色，花淡粉白色；花期春季。

婴儿手指

别 名	无
科 属	景天科景天属
产 地	未知

☀ 光照：喜光照，夏季适当遮阴

🖌 施肥：生长期每月施肥一次

🌡 温度：最低温度不低于零下3℃

💧 浇水：夏季高温和冬季低温时控水

特征简介 婴儿手指是多年生肉质植物。植株小型，易群生；叶片为圆柱形，肉质肥厚，先端尖，常为浅绿色，光滑，有微量白粉，好似婴儿的手指；处于生长期或在强烈的阳光下，叶端可变为粉红色；花期初夏。

趣蝶莲

别 名	去蝶丽、趣情莲、双飞蝴蝶
科 属	景天科伽蓝菜属
产 地	马达加斯加

☀ 光照：喜光照，耐半阴

🖌 施肥：生长期每月施肥一次

🌡 温度：生长适温为15℃~25℃

💧 浇水：不宜浇水过多，忌积水

特征简介 趣蝶莲是多年生肉质植物。植株中小型，单生，株高10~18厘米，株幅可达30厘米，有短茎；叶片交互对生，肉质，4~6枚，卵形或椭圆形，宽大，有短柄，叶缘锯齿状，两侧向中间折叠，叶背有折痕；叶淡绿色，叶缘紫红色，叶面有圆状凸起；成熟时会有细而长的匍匐枝自叶腋抽出；花葶细长，自叶腋抽出，花有四瓣，白色。

多肉简介
景天科
番杏科
百合科
大戟科
龙舌兰科
仙人掌科
其他科

落地生根

别 名	灯笼花、不死鸟
科 属	景天科伽蓝菜属
产 地	非洲

☀ 光照：喜光照，盛夏适当遮阴

🥄 施肥：生长期每月施肥1~2次

🌡 温度：最低生长温度为0℃

💧 浇水：生长期保持盆土湿润，忌积水

特征简介　落地生根是多年生肉质草本植物。植株有分枝，茎直立生长；叶片交互对生，羽状复叶，肉质肥厚，小叶椭圆形，大叶圆形，先端圆钝，叶缘有稀疏粗齿，缺刻处长出极小的叶片，小叶片为圆形对生叶；叶色为绿色，表面平滑；花序长10~40厘米，顶生，花冠高脚碟状，花淡红色或紫红色，下垂；花期1~3月。

大叶落地生根

别 名	阔叶落地生根、宽叶不死鸟
科 属	景天科伽蓝菜属
产 地	马达加斯加

☀ 光照：喜光照，耐半阴

🥄 施肥：每月施薄液肥一次

🌡 温度：生长适温为10℃~20℃

💧 浇水：生长期浇水要见干见湿

特征简介　大叶落地生根是多年生肉质草本植物。植株大型，株高可达1米，茎直立生长，基部木质化；叶片交互对生，肉质，长三角形，两侧向叶心对折，长15~20厘米；叶缘有粗齿，缺刻处长有极小的叶片，小叶片圆形对生；叶绿色，有不规则的紫褐色斑纹，叶缘紫红色；顶生复聚伞花序，花橙红色，钟形；花期4~6月。

棒叶落地生根

别　名	棒叶不死鸟
科　属	景天科伽蓝菜属
产　地	马达加斯加

☀ 光照：喜光照，耐半阴

🥄 施肥：每月施稀薄液肥一次

🌡 温度：最低生长温度为10℃

💧 浇水：生长期保持土壤稍湿润

特征简介 棒叶落地生根是多年生肉质草本植物。植株大型，株高可达1米，茎圆柱状，直立生长，中空，粉褐色，光滑无毛；叶轮生于茎干，呈圆棒状，表面上有沟槽，叶端长出极小的圆形对生叶；叶色为绿色至粉色；花序顶生，圆锥状，花冠稍向外卷，钟形，花粉红色，小花；花期冬季。

长寿花

别　名	寿星花、圣诞伽蓝菜
科　属	景天科伽蓝菜属
产　地	马达加斯加

☀ 光照：喜短日照

🥄 施肥：生长期每半个月施肥一次

🌡 温度：生长适温为15℃~25℃

💧 浇水：生长期每周浇水两次

特征简介 长寿花是多年生肉质草本植物。植株中小型，株高10~30厘米，茎肉质，直立生长；叶片长圆匙形或椭圆形，肉质，长4~6厘米，宽3~4厘米，单叶对生，密集生于茎上，叶缘有波状钝齿；叶深绿色，有光泽；聚伞花序，圆锥状，长8~12厘米，花簇生，四瓣，花色有桃红色、绯红色、橙黄色、橙红色、黄色和白色等；花期1~5月。

多肉简介

景天科

番杏科

百合科

大戟科

龙舌兰科

仙人掌科

其他科

月兔耳

别 名	褐斑伽蓝菜
科 属	景天科伽蓝菜属
产 地	中美洲、马达加斯加

☀ 光照：喜光照，夏季适当遮阴

🥄 施肥：每月施薄肥一次

🌡 温度：最低生长温度为10℃

💧 浇水：生长期保持土壤微湿，忌积水

特征简介 月兔耳是多年生肉质草本植物。植株中型，茎直立生长，多分枝，茎干密生银白色绒毛；叶片对生，肉质，长梭形，长2~8厘米，像兔子的耳朵，叶缘上部有锯齿；叶灰白色，密被银白色绒毛，老叶片有些微黄褐色，阳光充足时叶尖会出现褐色斑点；聚伞花序，圆锥状，花序较高，花白粉色，较小，四瓣；花期初夏，花期较长。

黑兔耳

别 名	巧克力兔耳
科 属	景天科伽蓝菜属
产 地	中美洲

☀ 光照：喜光照，耐半阴

🥄 施肥：每月施稀薄液肥一次

🌡 温度：最低生长温度为2℃

💧 浇水：夏季减少浇水

特征简介 黑兔耳是多年生肉质草本植物，是月兔耳的栽培品种。植株中型，株高80厘米，株幅20厘米，茎直立生长；叶片对生，肉质，长梭形，密被银白色绒毛，像兔子的耳朵；叶灰白色，叶缘为深褐色，似巧克力外衣；聚伞花序，花小，粉白色，管状，四瓣；花期初夏，花期较长。

扇雀

别 名	姬宫、雀扇
科 属	景天科伽蓝菜属
产 地	马达加斯加

☀ 光照：喜光照，夏季高温适当遮阴

🖌 施肥：每月施无机复合肥一次

🌡 温度：最低生长温度为5℃

💧 浇水：生长期保持土壤稍湿润，忌积水

特征简介 扇雀是多年生肉质植物。植株小型，基部多分枝，茎短，直立生长；叶片交互对生，肉质，呈三角状扇形，叶缘有不规则的波状齿；叶银灰色，表面有少许白粉，叶末有紫褐色的晕纹或斑点，像雀鸟的尾羽；圆锥花序，花筒状，黄绿色，中间红色；花期春季。

唐印

别 名	牛舌洋吊钟
科 属	景天科伽蓝菜属
产 地	南非

☀ 光照：喜光照，耐半阴

🖌 施肥：每月施腐熟的薄肥三次

🌡 温度：最低生长温度为5℃

💧 浇水：生长期保持土壤湿润

特征简介 唐印是多年生肉质草本植物。植株中型，株高40~60厘米，宽15~20厘米，茎粗且短，灰白色，多分枝；叶片交互对生，肉质，卵形，宽大扁平，全缘，先端圆钝，长15厘米，宽7厘米，排列紧密；叶片淡绿色或灰绿色，表面白粉较厚，光照充足时叶缘呈红色；花茎顶生，圆锥花序，花筒形，长1~2厘米，黄色；花期春季。

多肉简介

景天科

番杏科

百合科

大戟科

龙舌兰科

仙人掌科

其他科

江户紫

别 名	斑点伽蓝菜
科 属	景天科伽蓝菜属
产 地	非洲索马里、埃塞俄比亚

☀ 光照：喜光照，耐半阴

🥄 施肥：每月施腐熟的稀薄液肥一次

🌡 温度：最低生长温度为5℃

💧 浇水：生长期保持土壤稍湿润，忌积水

特征简介　江户紫是多年生肉质草本植物。植株中小型，基部多分枝，茎直立生长；叶片交互对生，肉质，无柄，倒卵形或圆形，先端圆钝，叶缘有钝齿，呈不规则的波状；叶面蓝灰色至灰白色，表面白粉较少，有紫褐色或红褐色的斑点或晕纹；花顶生，聚伞花序，花白色，直立生长；花期春季。

白姬之舞

别 名	无
科 属	景天科伽蓝菜属
产 地	南非

☀ 光照：喜光照，耐半阴

🥄 施肥：生长期每月施肥一次

🌡 温度：抗冻，忌闷热潮湿，夏季高温休眠

💧 浇水：耐干旱，怕水涝

特征简介　白姬之舞是多年生多肉植物。根茎直立，圆柱状，茎中空，叶片肉质，球拍形，叶片边缘有不规则的锯齿，顶端为圆弧状，绿色，边缘有红色，覆盖有轻微的白粉；簇状花序，花朵向下，风铃状，粉红色；花期12~4月。

蝴蝶之舞

别 名	玉吊钟、洋吊钟
科 属	景天科伽蓝菜属
产 地	马达加斯加

☀ 光照：喜光照，夏季适当遮阴

🥄 施肥：生长期每月施肥一次

🌡 温度：最低温度不低于5℃

🫖 浇水：夏季高温和冬季低温应控制浇水

特征简介 蝴蝶之舞是多年生肉质草本植物。株高20~30厘米，分枝较密，茎干灰绿色；叶片肉质，扁平宽大，卵形或长圆形，长3~4厘米，宽2~3厘米，边缘有锯齿，锯齿间距较大，蓝绿色或灰绿色；叶缘红色，叶面有不规则的乳白色、黄色、粉红色等颜色的斑块，变化丰富；聚伞花序，小花，红色或橙红色；花期冬季。

仙女之舞

别 名	贝哈伽蓝
科 属	景天科伽蓝菜属
产 地	马达加斯加南部

☀ 光照：喜光照，夏季适当遮阴

🥄 施肥：生长期每月施肥一次

🌡 温度：冬季温度不能低于10℃

🫖 浇水：干透浇透

特征简介 仙女之舞是多年生肉质植物。植株大型，茎高2~3米，灰白色；叶柄长3~4厘米，叶片对生，广卵圆状三角形，肉质，长10~20厘米，宽5~10厘米，正面内凹，叶缘有凸起，橄榄绿色至灰绿色，叶面有稠密的白毛，花开黄绿色。

多肉简介

景天科

番杏科

百合科

大戟科

龙舌兰科

仙人掌科

其他科

小米星

别 名	无
科 属	景天科青锁龙属
产 地	未知

☀ 光照：喜光照，耐半阴

🥄 施肥：每15天施稀薄液肥一次

🌡 温度：最低生长温度为5℃

💧 浇水：生长期保持土壤湿润

特征简介　小米星是多年生肉质草本植物，是舞乙女和爱星的种间杂种。植株小型，直立丛生，多分枝，茎肉质；叶片肉质，交互对生，卵圆状三角形，上下叠生，无叶柄，浅绿色，长0.5厘米，宽0.4厘米，叶缘有少许红色；花白色，簇生，星状，花瓣5~6瓣；花期4~5月。

巴

别 名	无
科 属	景天科青锁龙属
产 地	南非

☀ 光照：喜光照，忌强光直射

🥄 施肥：春秋季每月施腐熟的复合肥一次

🌡 温度：生长适温为10℃~25℃

💧 浇水：保持土壤湿润，忌积水

特征简介　巴是多年生肉质草本植物。植株中小型，有短茎，侧芽生于基部；叶片交互对生，肉质肥厚，排列紧密，上下叠接呈"十"字形；叶片半圆形，先端圆钝，有小叶尖，全缘，叶缘生有短小的白色毫毛；叶面绿色，表面光泽，略粗糙，密生细小的疣突；聚伞花序，花较小，管状，白色。

神刀

别 名	尖刀
科 属	景天科青锁龙属
产 地	南非

☀ 光照：喜光照，夏季高温适当遮阴

🖌 施肥：生长期每月施稀薄液肥一次

🌡 温度：最低生长温度为5℃

💧 浇水：生长期保持土壤湿润

特征简介 神刀是多年生肉质草本植物。植株大型，株高可达1米；叶片单叶互生，无叶柄，肉质肥厚，上下叠加，对称生长，上层叶片比下层大，叶片越往上越大；叶片呈尖刀或匕首状，灰绿色至蓝绿色；聚伞花序，伞房状，小花，极多，簇生，大红色或橘红色；花期夏末，花期较长。

筒叶花月

别 名	马蹄红、玉树卷
科 属	景天科青锁龙属
产 地	南非

☀ 光照：喜光照，夏季高温适当遮阴

🖌 施肥：每月施稀薄液肥一次

🌡 温度：最低生长温度为5℃

💧 浇水：盛夏减少浇水

特征简介 筒叶花月是多年生肉质草本植物，是花月的栽培品种。植株中小型，灌木状，多分枝；茎圆筒形，较粗壮，表皮灰褐色；叶片互生，肉质，簇生于枝头，圆筒状，稍扁，长4~5厘米，宽0.5~1厘米，顶端无尖，为斜切的截面；叶色为嫩绿色，光照不足时叶色变浅，顶端带些许黄色，有蜡质层，冬季顶端边缘呈红色；花淡粉白色，星状；花期秋季。

落日之雁

别 名	三色花月殿
科 属	景天科青锁龙属
产 地	未知

☀ 光照：喜光照，耐半阴

🥄 施肥：每周施腐熟的稀薄液肥一次

🌡 温度：不耐寒，最低生长温度为5℃

💧 浇水：耐干旱，怕积水

特征简介 落日之雁是多年生肉质植物，是花月的斑锦品种。植株中型，圆柱形肉质茎较粗，直立向上生长；叶片肉质，对生，匙形或椭圆形，长3~4厘米，宽2~3厘米，有小叶尖，叶色绿色，带黄白色的斑块，叶缘红色；花白色或淡红色。

星乙女

别 名	钱串景天、串钱景天、舞乙女
科 属	景天科青锁龙属
产 地	南非

☀ 光照：喜光照，耐半阴

🥄 施肥：每半个月施稀薄液肥一次

🌡 温度：最低生长温度为5℃

💧 浇水：生长期保持土壤湿润

特征简介 星乙女是多年生肉质草本植物。植株中小型，株高15~20厘米，多分枝；叶片交互对生，肉质，卵圆状三角形，长1~2厘米，宽0.5~1厘米；叶片基部相连，无叶柄，新叶上下叠生，老叶上下有间隙；叶色为浅绿色至灰绿色，光照充足时叶缘稍有红色；花白色，筒状；花期4~5月。

茜之塔

别 名	千层塔、绿塔
科 属	景天科青锁龙属
产 地	南非

- ☀ 光照：喜光照，耐半阴
- 🖌 施肥：每半个月施稀薄液肥一次
- 🌡 温度：最低生长温度为5℃
- 🪣 浇水：保持盆土湿润，忌积水

特征简介 茜之塔是多年生肉质草本植物。植株小型，株高8~10厘米，多分枝，呈丛生状；叶片对生，肉质，无柄，长三角形，上下叠加，排列紧密，共4列，基部叶片最大，越往上叶片越小，整体形似塔状；叶色为深绿色，阳光充足时呈红褐色或紫褐色，叶缘有白色的角质层；聚伞花序，花小，白色；花期秋季。

赤鬼城

别 名	无
科 属	景天科青锁龙属
产 地	南非

- ☀ 光照：喜光照，夏季高温适当遮阴
- 🖌 施肥：每月施稀薄液肥一次
- 🌡 温度：最低生长温度为5℃
- 🪣 浇水：保持盆土湿润，忌积水

特征简介 赤鬼城是多年生肉质亚灌木植物。植株中小型，低矮；叶片对生，肉质，呈狭窄的长三角形，基部相连，上下叠生，排列紧密，叶片自基部越往上越小，整体呈"十"字形；新叶绿色，老叶褐色或暗褐色，在阳光充足且温差大的季节，植株整体呈紫红色，光照不足时植株易徒生变长；簇状花序，花小，白色。

星王子

别 名	无
科 属	景天科青锁龙属
产 地	南非

☀ 光照：喜充足的光照

🥄 施肥：每半个月施稀薄液肥一次

🌡 温度：最低生长温度为5℃

🫖 浇水：保持盆土湿润，忌积水

特征简介 星王子是多年生肉质草本植物，形似星乙女，但叶片较大。植株中小型，多分枝，呈丛生状，茎干多直立向上生长；叶片交互对生，肉质，基部相连，无柄，上下排列密集，共成4列，新叶上下叠生，老叶上下有间隔；叶片为卵状长三角形，基部的叶片最大，越往上叶片越小，顶端的叶片最小；叶色浅绿色至灰绿色，阳光充足时叶缘呈红褐色；花米黄色，筒状；花期5~6月。

燕子掌

别 名	豆瓣掌、玉树、景天树
科 属	景天科青锁龙属
产 地	南非

☀ 光照：喜光照，耐半阴

🥄 施肥：春秋季每月施稀薄液肥一次

🌡 温度：生长适温为16℃~26℃

🫖 浇水：耐干旱，干透浇透

特征简介 燕子掌是多年生肉质灌木植物。植株呈灌木状，多分枝；茎肉质，圆柱状，灰绿色，老后木质化；叶片对生，肉质，密生于枝头，椭圆形或长卵形，扁平，全缘，叶先端稍尖；叶色绿色至红绿色，有光泽，出状态后叶缘呈红色；伞房花序，簇生，花浅粉色或白色，五瓣；花期夏秋季，不易开花。

松之银

别名	无
科属	景天科青锁龙属
产地	南非

☀ 光照：喜光照，夏季高温适当遮阴

🖌 施肥：每月施稀薄液肥一次

🌡 温度：最低生长温度为5℃

💧 浇水：保持盆土湿润，忌积水

特征简介 松之银是多年生肉质植物。植株小型，易群生，基部易生侧芽，呈丛生状；叶片交互对生，肉质，卵状长三角形，先端渐尖，无叶柄，基部相连，排列紧密，上下叠生，整体呈"十"字形；老叶暗褐色，新叶绿色，叶缘有白边并生有细短的白毛，叶面和叶背布满了白色斑点；花白色，较小；花期冬季。

黄金花月

别名	红边玉树
科属	景天科青锁龙属
产地	南非

☀ 光照：喜光照，忌高温暴晒

🖌 施肥：每月施稀薄液肥一次

🌡 温度：最低生长温度为5℃

💧 浇水：夏季减少浇水

特征简介 黄金花月是多年生肉质植物，是花月的斑锦变异品种。植株小型，多分枝，呈树状生长，枝干灰褐色，木质化；叶片对生，肉质，簇生于枝头，卵圆形，稍向内弯，先端渐尖；叶色为绿色，有光泽，叶面有小红点，日照充足时植株呈现金色，叶缘呈红色；不易开花。

多肉简介

景天科

番杏科

百合科

大戟科

龙舌兰科

仙人掌科

其他科

火祭

别 名	秋火莲
科 属	景天科青锁龙属
产 地	南非

☀ 光照：喜充足的光照

🪏 施肥：每月施磷钾肥一次

🌡 温度：最低生长温度为5℃

💧 浇水：每10天浇透一次

特征简介 火祭是多年生肉质草本植物。植株小型，茎匍匐或直立丛生；叶片交互对生，肉质，卵圆形或长三角形，较宽，扁平，先端渐尖，排列紧密，整体呈四棱柱状；叶通常为绿色，光照充足时叶片呈浅绿色至深红色；聚伞花序，花小，星状，黄白色；花期秋季。

醉斜阳

别 名	无
科 属	景天科青锁龙属
产 地	南非

☀ 光照：喜光照，耐半阴

🪏 施肥：每两个月施肥一次

🌡 温度：最低生长温度为5℃

💧 浇水：生长期保持盆土湿润

特征简介 醉斜阳是多年生肉质草本植物。植株丛生，有分枝；叶片为椭圆形，中间厚，叶缘薄，肉质异常肥厚，嫩绿色，叶面布满细小绒毛，出状态后叶缘或整株变为红褐色；簇状花序，花梗细长，红褐色，花为白色；花期4~5月。

彩凤凰

别 名	长茎景天锦
科 属	景天科青锁龙属
产 地	南非

☀ 光照：喜半阴

🖌 施肥：生长期每月施肥一次

🌡 温度：生长适温为15℃~25℃

💧 浇水：干透浇透

特征简介 彩凤凰是多年生肉质植物，是长茎景天的锦斑品种。矮生，茎干细长，有分枝，叶片簇生于枝头，呈莲座状；叶片为三角卵圆形，叶缘有锯齿，橘红色，紧挨叶缘为黄色，中心为绿色；花小，星状，黄白色；花期春季。

纪之川

别 名	月光
科 属	景天科青锁龙属
产 地	未知

☀ 光照：喜光照，夏季适当遮阴

🖌 施肥：生长期每月施肥一次

🌡 温度：生长适温为10℃~20℃，忌高温

💧 浇水：耐干旱，忌积水

特征简介 纪之川是多年生肉质植物，是稚儿姿和神刀的种间杂种。三角形的叶片交互对生，植株呈方塔状；叶片肉质，异常肥厚，淡绿色至灰绿色，表面有细小绒毛，三角体形，交互对生，基部联合；伞形花序，乳白色，花小，五瓣，橘红色。

多肉简介
景天科
番杏科
百合科
大戟科
龙舌兰科
仙人掌科
其他科

若歌诗

别 名	若歌斯
科 属	景天科青锁龙属
产 地	非洲南部

☀ 光照：喜光照，耐半阴

🥄 施肥：生长期每两个月施肥一次

🌡 温度：生长适温为15℃~25℃，冬季不低于5℃

💧 浇水：干透浇透，冬季保持盆土干燥

特征简介 若歌诗是多年生肉质植物。植株中小型，易丛生，茎干细长；叶片肉质，对生，长约3~3.5厘米，匙形，有小叶尖，叶背拱起，正面平整，全叶表面覆盖细细的绒毛，淡绿色，叶缘微黄；花色淡绿色；花期秋季。

十字星锦

别 名	星乙女锦
科 属	景天科青锁龙属
产 地	南非开普敦地区

☀ 光照：喜光照，耐半阴

🥄 施肥：每半个月施稀薄液肥一次

🌡 温度：最低生长温度为5℃

💧 浇水：生长期保持土壤湿润

特征简介 十字星锦是多年生肉质植物，是星乙女的斑锦品种。植株多分枝，株高20厘米左右；叶片肉质，交互对生，长1~2厘米，宽1厘米左右；叶片呈卵圆状三角形，无叶柄，基部相连，幼叶上下叠生，成熟叶片上下之间有些许空隙；叶片灰绿色至浅绿色，两边有黄色或红色的锦，叶面有绿色斑点；花筒状，米黄色；花期4~6月。

翠绿石

别 名	太平乐
科 属	景天科天锦章属
产 地	纳米比亚、南非

☀ 光照：喜光照，夏季高温适当遮阴

🥄 施肥：生长期每月施肥一次

🌡 温度：最低生长温度为5℃

💧 浇水：夏季控制浇水，忌积水

特征简介 翠绿石是多年生肉质植物。植株小型，株高8~10厘米，群生，呈丛生状；叶片纺锤形，肉质肥厚，两端渐尖，呈放射状生长；叶绿色，有蜡质，表面布满小疣突；阳光暴晒后新叶变为紫红色，再逐渐转为深绿色或青绿色；花绿色，钟形；花期夏季。

库珀天锦章

别 名	锦铃殿
科 属	景天科天锦章属
产 地	纳米比亚、南非

☀ 光照：喜光照，夏季高温适当遮阴

🥄 施肥：每月施复合肥一次

🌡 温度：最低生长温度为7℃

💧 浇水：保持土壤适度湿润

特征简介 库珀天锦章是多年生肉质植物。植株小型，低矮，茎短，灰褐色；叶片肉质肥厚，接近圆柱形或卵圆形，基部较厚，上部稍扁平，叶长3~5厘米；叶色灰绿色，表面有不规则的紫色斑点，顶端叶缘呈波状；聚伞花序，花上部绿色，下部紫色，圆筒形；花期夏季。

多肉简介

景天科

番杏科

百合科

大戟科

龙舌兰科

仙人掌科

其他科

海豹纹水泡

别 名	无
科 属	景天科天锦章属
产 地	南非、纳米比亚

☀ 光照：喜光照，忌烈日暴晒

🥄 施肥：每20天施复合肥一次

🌡 温度：最低生长温度为7℃

🫖 浇水：保持土壤适度湿润

特征简介 海豹纹水泡是多年生肉质植物，是库珀天锦章的变种。植株低矮，具有短茎，灰褐色；叶片肉质肥厚，基部较厚，似圆柱形，上部稍细，近似卵圆形，叶长5厘米左右；叶色灰绿色，表面有黑色斑点，上部叶缘呈波状；聚伞花序，花圆筒形，上部绿色，下部紫色；花期夏季。

御所锦

别 名	褐斑天锦章
科 属	景天科天锦章属
产 地	南非

☀ 光照：喜光照，忌高温暴晒

🥄 施肥：每月施复合肥一次

🌡 温度：最低生长温度为5℃

🫖 浇水：保持土壤稍湿润，忌积水

特征简介 御所锦是多年生肉质植物。植株小型，矮小，株幅8~10厘米；叶片互生，肉质肥厚，倒卵形或圆形，长5厘米，宽3厘米，叶背拱起，叶正面较平，叶缘较薄，带有白边；叶色灰绿色，表面有不规则的紫褐色斑点，阳光充足时整个叶缘呈紫红色；聚伞花序，花白色，筒状；花期夏季。

福娘

别 名	丁氏轮回
科 属	景天科银波锦属
产 地	安哥拉、纳米比亚、南非

☀ 光照：全日照，夏季强光需遮阴

🥄 施肥：生长期每月施肥一次

🌡 温度：生长适温为15℃~25℃，冬季不低于5℃

💧 浇水：耐干旱，春秋季保持盆土湿润

特征简介 福娘是多年生肉质灌木。植株大型，株高可达60~100厘米，株幅可达50厘米；茎干为圆筒状，灰绿色；叶片呈扁棒状，长4~4.5厘米，宽2厘米，对生，肉质，灰绿色，有小叶尖，叶尖和叶缘为紫红色，表面有白粉；花管状，红色或淡黄红色；花期夏末至秋季。

达摩福娘

别 名	丸叶福娘
科 属	景天科银波锦属
产 地	纳米比亚

☀ 光照：喜光照，夏季强光需遮阴

🥄 施肥：生长期每月施肥一次

🌡 温度：生长适温为15℃~25℃

💧 浇水：生长期浇水，干透浇透

特征简介 达摩福娘是多年生肉质灌木，是福娘的变种，属于小型灌木类。茎干纤细，长不高，会匍匐生长；叶片为立体椭圆形，肉质肥厚，绿色，表面有白粉；叶缘有一道浅浅的槽，叶缘前段和叶尖呈红色；花管状，红色或淡黄色；花期夏末至秋季。

乒乓福娘

别 名	无
科 属	景天科银波锦属
产 地	南非

☀ 光照：喜光照，忌高温暴晒

🥄 施肥：每月施稀薄液肥一次

🌡 温度：最低生长温度为5℃

💧 浇水：夏季可以每月浇水两次

特征简介　乒乓福娘是多年生肉质灌木植物，是福娘的栽培品种。植株中小型，直立生长，茎圆柱形，被有白粉；叶片对生，肉质肥厚，扁卵形或椭球形，先端圆钝；叶片灰绿色，阳光充足时叶缘和叶尖泛红，叶面被有厚厚的白粉；圆锥花序，聚伞状，花梗细长，小花簇生于花梗顶端，花橙红色，钟形，先端五裂；花期初夏。

白熊

别 名	熊童子白锦
科 属	景天科银波锦属
产 地	纳米比亚

☀ 光照：喜光照，忌高温暴晒

🥄 施肥：每月施腐熟的稀薄液肥一次

🌡 温度：最低生长温度为5℃

💧 浇水：夏季高温减少浇水

特征简介　白熊是多年生肉质草本植物，是熊童子的斑锦品种。植株小型，低矮，多分枝；叶片交互对生，肉质肥厚，匙形或倒卵形，生有密集的细短白绒毛，叶端有爪样齿，基部全缘；叶片浅绿色，两边有白锦，光照充足时叶端的爪齿会变红；总状花序，花微红色；花期夏末至秋季。

铜壶法师

别　名	红玫瑰法师
科　属	景天科莲花掌属
产　地	未知

☀ 光照：喜阳光充足的环境，稍耐半阴

🌰 施肥：掺入适量的草木灰或骨粉作基肥

🌡 温度：喜温暖，不耐寒

💧 浇水：夏季高温时需减少浇水的次数，耐干旱，生长季节对水分的需求比较大

特征简介　叶片层层叠叠，繁复美丽，是明镜与法师杂交培育而成。叶片颜色呈暗紫褐色，叶片较薄，呈莲花状向外摊开，十分高贵美丽。

紫羊绒

别　名	无
科　属	景天科莲花掌属
产　地	未知

☀ 光照：喜阳光充足的环境

🌰 施肥：半个月施稀薄液肥一次

🌡 温度：喜温暖，能耐零下2℃的低温

💧 浇水：耐干旱，浇水不宜频繁

特征简介　植株分枝多，叶片生长在茎端和分枝顶端呈莲座叶盘；叶片倒卵形，植株容易群生；新生叶片为翠绿色，叶盘中心为翠绿色，慢慢过渡为紫红色，夏季基本为深紫红色，生长季节紫色微淡；叶缘有睫毛状纤毛，非常可爱；叶面和叶背光滑，叶片尖，光照充足时老叶会呈现橘红色至大紫红色，叶色根据环境的紫外线强度变化；聚伞花序，花浅黄色；植株生长速度快。

多肉简介

景天科

番杏科

百合科

大戟科

龙舌兰科

仙人掌科

其他科

黑法师

别 名	紫叶莲花掌
科 属	景天科莲花掌属
产 地	摩洛哥

☀ 光照：喜光照，耐半阴

🥄 施肥：每月施稀薄液肥一次

🌡 温度：最低生长温度为5℃

💧 浇水：夏季高温减少浇水

特征简介 黑法师是多年生肉质灌木植物，是莲花掌的栽培品种。植株大型，直立向上生长，株高可达1米，多分枝，呈灌木状；茎木质化，浅褐色，圆筒形，较粗壮，表面有明显的叶痕；叶片较薄，肉质，倒长卵形，长5~7厘米，先端有小尖，叶缘有细长的白色小齿；叶片簇生于茎端，呈莲座状排列；叶色黑紫色，光照不足时叶心为绿色；圆锥花序，花黄色，小花；花期春末，花后植株通常枯死。

圆叶黑法师

别 名	无
科 属	景天科莲花掌属
产 地	摩洛哥

☀ 光照：喜光照，耐半阴

🥄 施肥：每月施稀薄液肥一次

🌡 温度：最低生长温度为5℃

💧 浇水：盛夏减少浇水

特征简介 圆叶黑法师是多年生肉质灌木植物，是莲花掌的栽培品种。植株大型，呈灌木状，多分枝；茎部木质化，圆柱形，较粗壮；叶片倒长卵形，肉质，较黑法师更圆，厚度较薄，先端有小尖，簇生于茎端，呈莲座状排列；叶色黑紫色，叶心为绿色；圆锥花序，小花黄色，花期春末。

清盛锦

别 名	艳日辉
科 属	景天科莲花掌属
产 地	加那利群岛

☀ 光照：喜光照，夏季需适当遮阴

🖌 施肥：生长期每月施薄肥两次

🌡 温度：生长适温为15℃~25℃

💧 浇水：生长期充分浇水

特征简介 清盛锦是多年生常绿肉质植物。植株中小型，多分枝，呈灌木状；叶片倒卵圆形或匙形，肉质，先端渐尖，有小叶尖，呈莲座状排列，簇生于枝头；叶正面中央稍凹陷，有凹痕，背面有龙骨状凸起，叶缘有细长短齿；新叶杏黄色，渐变为黄绿色或绿色，叶缘为红色；光照充足时叶色会变为红色；总状花序，花白色，生于丛中；花期初夏，花后全株枯萎死亡。

大叶莲花掌

别 名	无
科 属	景天科莲花掌属
产 地	加那利群岛

☀ 光照：喜光照，耐半阴

🖌 施肥：每月施腐熟的稀薄液肥一次

🌡 温度：最低生长温度为5℃

💧 浇水：盛夏减少浇水

特征简介 大叶莲花掌是多年生肉质植物，是玉蝶和莲花掌的种间杂种。植株中小型，低矮，株幅20~30厘米，有短茎，少分枝，分枝自基部抽出，向外弯曲；叶片长圆状匙形，肉质，宽大，有叶尖，呈莲座状排列，叶正面稍内凹，叶背拱起；叶蓝绿色，叶缘为明显的红色，被有白粉；聚伞花序，小花，花淡粉色，顶端黄色，钟形；花期夏季。

毛叶莲花掌

别 名	墨染
科 属	景天科莲花掌属
产 地	加那利群岛

☀️ 光照：喜光照，忌高温暴晒

🌰 施肥：每月施稀薄液肥一次

🌡️ 温度：最低生长温度为5℃

💧 浇水：夏季每月可浇水两次

特征简介　毛叶莲花掌是多年生亚灌木植物。植株中型，四季常青；株高25~30厘米，多分枝，丛生；叶片长片形，肉质薄，细长，长6~8厘米，宽1厘米，先端渐尖，有小叶尖，呈莲座状排列；叶色为常年浅绿色，叶缘微红，生有细短的白色绒毛；圆锥花序，花金黄色；花期夏季。

红缘莲花掌

别 名	红缘长生草
科 属	景天科莲花掌属
产 地	加那利群岛

☀️ 光照：喜光照，耐半阴

🌰 施肥：生长期每月施稀薄液肥两次

🌡️ 温度：最低生长温度为5℃

💧 浇水：夏季减少浇水，冬季保持干燥

特征简介　红缘莲花掌是多年生肉质草本植物。植株小型，多分枝，呈亚灌木状，茎细长，圆柱形；叶片簇生于枝头，排列成莲座状，倒卵状匙形，肉质肥厚，先端有小尖，叶缘有细小锯齿；叶片淡蓝绿色，被有白粉，有光泽，叶缘呈红褐色；聚伞花序，花浅黄色，偶尔带红晕；花期春季。

花叶寒月夜

别 名	灿烂
科 属	景天科莲花掌属
产 地	加那利群岛

☀ 光照：喜光照，耐半阴

🖌 施肥：每月施稀薄液肥一次

🌡 温度：最低生长温度为10℃

💧 浇水：生长期保持盆土湿润

特征简介　花叶寒月夜是多年生肉质草本植物，是人工栽培的园艺品种。植株多分枝，茎肉质，圆柱形，灰色，表面有叶痕，老茎木质化；叶片互生，肉质，倒卵形，呈舌状，有叶尖，呈莲座状排列，簇生于枝头，叶缘有细密锯齿；叶色为绿色，叶缘两边有微黄白色带，成熟后先端和叶缘稍带粉红色；圆锥花序，长10~12厘米，花淡黄色；花期春季。

灿烂缀化

别 名	花叶寒月夜缀化
科 属	景天科莲花掌属
产 地	加那利群岛

☀ 光照：喜光照，耐半阴

🖌 施肥：每月施稀薄液肥一次

🌡 温度：最低生长温度为10℃

💧 浇水：生长期保持盆土湿润

特征简介　灿烂缀化是多年生肉质草本植物，是花叶寒月夜的缀化品种。植株多分枝，茎肉质，灰色，老茎木质化，圆柱形，表面有叶痕；叶片肉质，互生，倒卵形，呈舌状，聚生于枝头；叶绿色，叶缘为黄白色，边缘有细密的锯齿；圆锥花序，长10~12厘米，花淡黄色；花期春季。

多肉简介

景天科

番杏科

百合科

大戟科

龙舌兰科

仙人掌科

其他科

山地玫瑰

别 名	山玫瑰、高山玫瑰
科 属	景天科莲花掌属
产 地	加那利群岛

☀ 光照：喜光照，忌高温强光暴晒

🍃 施肥：生长期追施缓释肥即可

🌡 温度：最低生长温度为5℃

💧 浇水：生长期保持盆土微湿润

特征简介　山地玫瑰是多年生肉质植物。植株中小型，多分枝，茎圆筒状；叶片互生，肉质，倒卵形或短匙形，簇生于茎顶，呈莲座状紧密排列；在生长期叶子展开，休眠期叶子合拢，合拢时形似玫瑰花苞；叶色有翠绿色、灰绿色或蓝绿色等；总状花序，花黄色；花期春末至初夏，花后母株会逐渐枯萎，但基部会有小芽长出。

小人祭

别 名	日本小松、妹背镜
科 属	景天科莲花掌属
产 地	加那利群岛、北非

☀ 光照：喜充足的光照

🍃 施肥：生长期每月施稀薄液肥一次

🌡 温度：生长适温为15℃~25℃

💧 浇水：干透浇透

特征简介　小人祭是多年生肉质植物。植株小型，多分枝，呈灌木状；茎细长，圆柱状，褐色；叶片倒卵形，肉质，较细小，簇生于枝头，排列成莲座状；叶片绿色，中间生有紫红色斑纹，叶缘为红色，生有少量柔毛，阳光充足时叶片颜色加深；总状花序，花黄色，小花；花期春季，花后植株会枯萎，但基部会有小芽长出；夏季休眠期叶子会包起来。

红叶法师

别 名	黑法师红叶锦
科 属	景天科莲花掌属
产 地	摩洛哥

☀ 光照：喜光照，稍耐半阴

🖌 施肥：每月施稀薄液肥一次

🌡 温度：最低生长温度为5℃

💧 浇水：盛夏减少浇水

特征简介　红叶法师是多年生肉质植物，是黑法师的斑锦品种。植株直立生长，呈灌木状，高可达1米左右，多分枝；茎部圆筒形，叶片肉质较薄，近似菱形，长5~7厘米，先端有小尖，在茎端排列成莲座状的叶盘；叶色红紫色，光照不足时叶心为绿色；圆锥花序；花期春末。

百合莉莉

别 名	无
科 属	景天科莲花掌属
产 地	墨西哥

☀ 光照：每日日照4小时左右较佳

🖌 施肥：生长期每月施肥一次

🌡 温度：生长适温为10℃~25℃

💧 浇水：生长期每月浇水三次

特征简介　百合莉莉是多年生肉质草本植物，是冬种型。有茎，分枝多，叶片生于茎端；叶片呈紧密环形排列的莲座状，肉质肥厚，绿色，叶片接近圆形，叶上部有斜尖，叶片上厚下薄，从上往下看像一个三面锥形，叶背拱起，有不明显的棱。

多肉简介
景天科
番杏科
百合科
大戟科
龙舌兰科
仙人掌科
其他科

蛛丝卷绢

别 名	无
科 属	景天科长生草属
产 地	欧洲

☀️ 光照：喜光照，忌高温强光暴晒

🥄 施肥：生长期每月施薄肥一次

🌡️ 温度：生长适温为15℃~25℃

💧 浇水：干透浇透

特征简介 蛛丝卷绢是多年生肉质草本植物。植株小型，低矮，似球状；叶片环生，肉质，竹片形，扁平细长，先端渐尖，呈莲座状紧密排列；叶色嫩绿色，叶尖顶端缠绕有蜘蛛网般的白丝；聚伞花序，花淡粉色，有深色条纹；花期夏季。

高山卷绢

别 名	无
科 属	景天科长生草属
产 地	欧洲高山地区

☀️ 光照：喜光照，夏季适当遮阴

🥄 施肥：生长期每月施薄肥一次

🌡️ 温度：生长适温为15℃~25℃

💧 浇水：干透浇透

特征简介 高山卷绢是多年生肉质植物。植株低矮，近球形；叶片肉质，环生，扁平细长，竹片形，先端渐尖，有小叶尖，呈莲座状紧密排列；叶色嫩绿色，叶缘有细小的白刺；聚伞花序，花淡粉色，有深色条纹；花期夏季。

红卷绢

别 名	大赤卷绢、紫牡丹
科 属	景天科长生草属
产 地	欧洲

☀ 光照：喜光照，忌高温强光暴晒

🖌 施肥：每月施腐熟的稀薄液肥一次

🌡 温度：最低生长温度为5℃

💧 浇水：不干不浇，浇则浇透

特征简介 红卷绢是多年生肉质草本植物，是卷绢的栽培品种。植株小型，低矮，株高8厘米，群生，放射状生长，呈丛生状；叶片为倒卵状匙形，肉质，先端渐尖，呈莲座状紧密排列；叶片稍向外弯曲，叶端和叶缘密生短白色丝毛，莲座中心尤为密集，好似蜘蛛网；叶片中心绿色，叶背和叶缘红色，在秋冬季阳光充足时整株呈紫红色；聚伞花序，花淡粉红色；花期夏季。

观音莲

别 名	佛座莲
科 属	景天科长生草属
产 地	欧洲

☀ 光照：喜光照，夏季适当遮阴

🖌 施肥：每月施复合肥一次

🌡 温度：生长适温为20℃~30℃

💧 浇水：生长期保持盆土湿润，忌积水

特征简介 观音莲是多年生草本植物。植株中小型，基部生有侧芽，呈丛生状；叶片环生，肉质，竹片形，扁平细长，先端渐尖，呈莲座状排列，叶缘生有细小绒毛；叶绿色，光照充足时叶缘和叶尖变成紫红色或咖啡色；侧芽细小，形似小莲座，绕大莲座一周；每年春末叶丛下会生出细长的红色走茎，莲座状小叶丛簇生于走茎前端；花粉红色，花后莲座会枯死。

多肉简介

景天科

番杏科

百合科

大戟科

龙舌兰科

仙人掌科

其他科

青星美人

别 名	红美人、一点红
科 属	景天科厚叶草属
产 地	墨西哥

☀ 光照：喜光照，夏季适当遮阴

🥄 施肥：生长期每月施薄肥一次

🌡 温度：最低生长温度为5℃

💧 浇水：干透浇透

特征简介 青星美人是多年生肉质植物。植株小型，有短茎；叶片对生，肉质肥厚，匙形，微微向叶心弯曲，光滑，有叶尖，排列稀疏，近似莲座状，叶缘圆弧状；叶绿色，被有白粉，阳光充足时叶尖和叶缘会发红；簇状花序，花梗较长，花红色，倒钟形，先端五瓣，串状排列；花期夏季。

星美人

别 名	白美人
科 属	景天科厚叶草属
产 地	墨西哥

☀ 光照：喜光照，耐半阴

🥄 施肥：生长期每月施薄肥一次

🌡 温度：最低生长温度为5℃

💧 浇水：干透浇透

特征简介 星美人是多年生肉质植物。植株小型，有短茎；叶片互生，肉质肥厚，椭圆形，长3~5厘米，宽2厘米，厚1厘米，表面平滑，先端圆钝，无叶柄，好似白色美玉；新叶从叶腋生出，叶片浅蓝绿色，密被白粉，阳光充足时叶缘和叶尖会有红晕；花序较矮，花倒钟形，红色；花期夏季。

千代田之松

别 名	无
科 属	景天科厚叶草属
产 地	墨西哥伊达尔戈州

☀ 光照：喜充足的光照

🥄 施肥：生长期每月施肥一次

🌡 温度：生长适温为25℃~30℃，冬季温度不低于5℃

💧 浇水：春秋季多浇水，夏季控水

特征简介 千代田之松是多肉草本植物。植株小型，易群生；叶片肉质肥厚，互生，圆柱体，微扁，两端渐窄有尖，排列紧密；叶色淡绿色至灰白色，表皮生有少量白色粉末，叶片先端生有棱，花红色；花期夏季。

千代田之松缀化

别 名	无
科 属	景天科厚叶草属
产 地	墨西哥伊达尔戈州

☀ 光照：喜充足的光照

🥄 施肥：生长期每月施薄肥一次

🌡 温度：生长适温为25℃~30℃

💧 浇水：春秋季多浇水，夏冬季控水

特征简介 千代田之松缀化是多肉草本植物，是千代田之松的缀化品种。植株小型；叶片互生，呈微扁的橄榄球状，略尖的一端生有棱，颜色多样，主色为嫩绿色，夹杂红色、黄色和灰白色，被有白粉，开红色的花；花期夏季。

多肉简介

景天科

番杏科

百合科

大戟科

龙舌兰科

仙人掌科

其他科

桃美人

别 名	无
科 属	景天科厚叶草属
产 地	欧洲

☀ 光照：喜光照，夏季高温适当遮阴

🥄 施肥：每月施复合肥一次

🌡 温度：最低生长温度为5℃

💧 浇水：每周浇水一次

特征简介 桃美人是多年生肉质植物。植株小型，有短茎，较粗，直立生长；叶片轮状互生，肉质肥厚，长卵圆形，长2~4厘米，宽2厘米，厚2厘米，先端平滑圆钝，无尖，排列稀疏；叶片正面较平，背面圆凸，密被白粉；阳光不足时叶色粉白，阳光充足时叶色粉红；穗状花序，较矮，花倒钟形，红色，串状排列；花期夏季。

冬美人

别 名	东美人
科 属	景天科厚叶草属
产 地	墨西哥

☀ 光照：全日照

🥄 施肥：生长期每月施肥一次

🌡 温度：生长适温为18℃~25℃

💧 浇水：干透浇透，避免叶心积水

特征简介 冬美人是多年生肉质植物。植株中小型；叶片肉质肥厚，匙形，对生，叶片正面向内凹陷，叶背拱起，先端渐窄，有叶尖，叶缘圆弧状，呈莲座状环形排列；叶片蓝绿色至灰白色，表面光滑，有微量白粉，叶缘和叶尖为红褐色；簇状花序，花枝高，花红色，倒钟形，五瓣，串状排列；花期初夏。

冬美人缀化

别 名	东美人缀化
科 属	景天科厚叶草属
产 地	墨西哥

☀ 光照：全日照

🌱 施肥：生长期每月施肥一次

🌡 温度：生长适温为18℃~25℃

💧 浇水：干透浇透，避免叶心积水

特征简介 冬美人缀化是多年生肉质植物，是冬美人的缀化品种。叶片呈串状排列，卵形，肉质肥厚，有叶尖，上部膨大，先端渐尖，表面光滑，有微量白粉，叶片蓝绿色至灰白色；花枝很高，簇状花序，红色花朵，花朵倒钟形，串状排列，花开五瓣；花期初夏。

蓝黛莲

别 名	灰蓝奇莲华
科 属	景天科厚叶草属
产 地	墨西哥

☀ 光照：喜充足的光照

🌱 施肥：生长期每月施薄肥一次

🌡 温度：最低生长温度为5℃

💧 浇水：夏季减少浇水

特征简介 蓝黛莲是多年生肉质植物。植株小型，易群生，丛生；叶片扁梭形，肉质基生，稍向内弯曲，叶背有棱线，先端有叶尖，密集排列呈莲座状；叶片灰绿色，表面被有浓厚的白霜，阳光充足时叶尖变为红色；簇状花序，花红色，倒钟形，五瓣，串状排列；花期初夏。

多肉简介
景天科
番杏科
百合科
大戟科
龙舌兰科
仙人掌科
其他科

银星

别 名	无
科 属	景天科风车莲属
产 地	南非

☀ 光照：喜光照，夏季高温适当遮阴

🥄 施肥：生长期每月施薄肥一次

🌡 温度：生长适温为15℃~25℃

💧 浇水：夏季减少浇水

特征简介 银星是多年生肉质植物，是风车草属和石莲花属的属间杂种。植株中型，老株易丛生；叶片长卵形，肉质较厚，先端渐窄，有细长叶尖，似须状物，叶尖长达1厘米，叶面平整；成株叶片有50多片，呈莲座状紧密排列；叶色青绿色，叶尖红褐色，叶面光滑；叶片中心抽出花序，花粉白色，五瓣；花期春季。

桃蛋

别 名	桃之卵
科 属	景天科风车莲属
产 地	墨西哥

☀ 光照：春秋季节可以全日照

🥄 施肥：生长期每月施肥一次

🌡 温度：冬季保持在5℃以上

💧 浇水：夏季控水或断水

特征简介 桃蛋是多年生肉质植物，冬型种，珍稀物种。植株小型，多分枝，茎干粉红色至黄褐色；叶片肉质，圆润，轮生，卵形，先端圆钝，通体粉色，被有白粉；花红色或橙色，五瓣，有明显的条纹。

葡萄

别 名	紫葡萄、红葡萄
科 属	景天科风车莲属
产 地	未知

☀ 光照：喜光照，忌烈日暴晒

🥄 施肥：生长期每月施薄肥一次

🌡 温度：生长适温为18℃~24℃

💧 浇水：夏季减少浇水

特征简介 葡萄是多年生肉质草本植物。植株中小型，呈莲座状，茎短，易于基部生侧芽；叶片肉质，簇生于茎顶，短匙形，叶先端有小尖，叶面平，叶背凸起有龙骨，叶背和叶缘有密集的紫红色斑点；叶色为浅蓝绿色或浅灰绿色，叶面光滑有蜡质层；聚伞花序，腋生，花红色，顶端为黄色，倒钟形，前端五裂；花期6~8月。

美丽莲

别 名	别劳斯、别露丝
科 属	景天科风车莲属
产 地	墨西哥

☀ 光照：喜光照，夏季适当遮阴

🥄 施肥：春秋两季每20℃~30天施一次腐熟的有机液肥

🌡 温度：能耐0℃的低温

💧 浇水：耐干旱，忌水湿

特征简介 美丽莲是多年生肉质草本植物。植株小型；叶片肉质肥厚，稍显扁平，呈莲座状紧密排列，直径7~8厘米；叶片灰褐色至灰绿色，叶卵形，顶端有小尖，叶缘呈红色；花梗细长，聚伞花序，花星状，五瓣，深粉红色；花期可持续半月。

多肉简介

景天科

番杏科

百合科

大戟科

龙舌兰科

仙人掌科

其他科

厚叶旭鹤

别 名	无
科 属	景天科风车莲属
产 地	未知

☀ 光照：喜光照，夏季适当遮阴

🥄 施肥：每月施肥一次

🌡 温度：不耐寒，喜凉爽

💧 浇水：耐干旱，不干不浇，浇则浇透

特征简介　厚叶旭鹤是多年生肉质植物。植株呈莲座状排列，叶片肉质较厚，椭圆形，两端收窄，叶端有小叶尖，叶背拱起有龙骨，叶面内陷有模糊的内痕，整体似一个小碗；叶色为灰绿色至紫红色，光照充足时叶子会变得更加紫红并出现血斑。

丸叶姬秋丽

别 名	无
科 属	景天科风车莲属
产 地	未知

☀ 光照：每天光照6小时

🥄 施肥：生长期每月施肥一次

🌡 温度：最低温度不低于0℃，最高温度
　　　　不高于35℃

💧 浇水：每周浇水一次

特征简介　丸叶姬秋丽是多年生肉质植物，极易群生。茎细长，枯黄色，如软树枝；叶片簇生于枝头，呈莲座状疏散排列，肉质肥厚，形状似肉手指肚，先端收窄变尖；外围叶片为浅黄色，中心叶片为黄绿色，表面有不规则排列的黑色小斑点；花小，白色。

秋丽

别 名	无
科 属	景天科风车佛甲属
产 地	未知

☀ 光照：喜充足的光照

🖌 施肥：生长期每月施肥一次

🌡 温度：最低温度不低于5℃

💧 浇水：10天浇水一次

特征简介 秋丽是多年生肉质植物，是风车草属的胧月和景天属的乙女心的属间杂种，与姬秋丽无关。茎干细长，易群生，多分枝，叶片簇生于枝头，呈莲座状排列；叶片较细长，肉质肥厚，匙形，有斜尖，叶背拱起，正面平滑微内凹，整体较圆润，常为灰绿色，有轻微白粉；出状态后有各种颜色，聚伞花序，开星形小花，五瓣或六瓣，黄色；花期春季。

姬秋丽

别 名	无
科 属	景天科风车莲属
产 地	未知

☀ 光照：喜光照

🖌 施肥：生长期每月施肥一次

🌡 温度：最低温度不低于0℃，最高温度不高于35℃

💧 浇水：每周浇水一次

特征简介 姬秋丽是多年生肉质植物，与丸叶姬秋丽相似。植株中小型，极易群生；茎细长，枯黄色，如软树枝；叶片簇生于枝头，呈莲座状疏散排列，匙形或倒卵形，较丸叶姬秋丽稍扁，先端收窄变尖；在光照不足或潮湿环境下呈灰绿色，光照充足且温差大的环境下呈淡粉的奶油色；花小，白色。

姬胧月

别　名｜粉莲、宝石花

科　属｜景天科风车莲属

产　地｜墨西哥

☀️ 光照：喜光照，夏季高温适当遮阴

🥄 施肥：生长期每月施薄肥一次

🌡️ 温度：最低生长温度为0℃

💧 浇水：夏季减少浇水

特征简介　姬胧月是多年生肉质草本植物。植株中小型，基部多分枝，呈丛生状；叶片轮状对生，瓜子形，肉质肥厚，先端较尖，呈莲座状排列；阳光不足时叶片为绿色，阳光充足时叶片或整株呈现深红色，表面无粉，有蜡质；簇状花序，花黄色，星状，先端裂五瓣；花期初夏。

胧月

别　名｜石莲花

科　属｜景天科风车莲属

产　地｜墨西哥

☀️ 光照：喜光照，忌高温强光直射

🥄 施肥：每季度施长效肥一次

🌡️ 温度：最低生长温度为5℃

💧 浇水：每10天适量浇水一次

特征简介　胧月是多年生肉质草本植物。植株中小型，呈丛生状，基部多分枝；茎细长，匍匐生长；叶片广卵形，无柄，肉质肥厚，簇生于枝头，呈莲座状排列；叶片先端有叶尖，叶缘圆弧状，叶心有凹痕，表面光滑；叶色为灰绿色或灰蓝色，被有浓厚的白粉，阳光充足时叶片呈淡紫色或淡粉红色；簇状花序，花五星形，五瓣，黄白色，花朵向上开放；花期初夏。

蓝豆

别 名	无
科 属	景天科风车莲属
产 地	墨西哥东北部

☀ 光照：喜光照

🪥 施肥：生长期每月施肥一次

🌡 温度：生长适温为15℃~25℃

💧 浇水：生长期每月浇水一次

特征简介 蓝豆是多年生肉质植物，有香味。植株小型，易群生；叶片长圆形，肉质，环状对生，簇生于枝头，排列紧密，先端渐窄微尖，叶背拱起似龙骨状，被有白粉，叶嫩浅蓝色，叶尖常年为红色，在强光与温差大的情况下叶色呈蓝白色；簇状花序，花五角形，白红相间。

白牡丹

别 名	白美人
科 属	景天科风车莲属
产 地	墨西哥

☀ 光照：喜光照，忌高温强光直射

🪥 施肥：每月施磷钾肥一次

🌡 温度：最低生长温度为5℃

💧 浇水：每10天左右浇水一次

特征简介 白牡丹是多年生肉质植物，是胧月和静夜的属间杂种。植株中小型，多分枝，易群生；叶片倒卵形或长条匙形，肉质，先端渐尖，轮生于茎上，顶端呈莲座状排列；叶面稍内凹，叶背有龙骨状凸起；叶色灰白色至灰绿色，密被白粉，叶尖呈轻微的粉红色；叶腋处生出歧伞花序，花黄色，五瓣；花期春季。

奥普琳娜

别 名	奥普
科 属	景天科风车莲属
产 地	墨西哥

☀ 光照：喜光照

🥄 施肥：生长期每月施肥一次

🌡 温度：生长适温为10℃~25℃，不耐寒

🫧 浇水：耐干旱，两周一次土表喷水即可

特征简介　奥普琳娜是多年生多肉植物，是醉美人和卡罗拉的属间杂种，属于大型石莲，易群生。肉质肥厚，呈莲座状；整体颜色为带粉红色的淡蓝色；叶片为匙形，叶面略内凹，有白粉，叶缘和叶尖容易泛红色，叶上部斜尖，叶背有龙骨；穗状花序，钟形花朵，花黄色，尖端橙色；花期春季中旬。

仙女杯

别 名	雪山
科 属	景天科仙女杯属
产 地	美国、墨西哥

☀ 光照：喜光照，耐半阴

🥄 施肥：生长期每15天施薄肥一次

🌡 温度：生长适温为20℃~29℃

🫧 浇水：保持盆土干燥，耐干旱

特征简介　仙女杯是多年生肉质植物。植株中型，茎矮，较粗壮；叶片剑形或竹片形，肉质较薄，长10~12厘米，宽2厘米，先端三角形，有叶尖，呈莲座状密集排列；叶片蓝绿色，光照不足时色浅，叶片拉长，排列松散，叶片表面密被比较涩的白粉；花金黄色；花期春季。

棒叶仙女杯

别 名	无
科 属	景天科仙女杯属
产 地	墨西哥、美国

☀ 光照：喜光照，耐半阴

🖌 施肥：生长期每半个月施薄肥一次

🌡 温度：生长适温为20℃~28℃

🫖 浇水：保持盆土干燥，不宜过湿

特征简介 棒叶仙女杯是多年生肉质植物。植株中型，具有粗壮的茎，有分枝，叶簇生于枝头；叶片肉质，细长针形，长8厘米左右，先端叶尖，呈莲座状疏散排列；叶片粉白色，表面有白粉，叶尖常为红色；花金黄色；花期春季。

初霜

别 名	红叶仙女杯
科 属	景天科仙女杯属
产 地	墨西哥

☀ 光照：喜光照，耐半阴

🖌 施肥：生长期每月施肥一次

🌡 温度：生长适温为10℃~25℃

🫖 浇水：耐干旱，怕水湿

特征简介 初霜是多年生肉质植物。茎短，叶片生于茎端，呈松散莲座状排列，中心叶片为银灰色微透出绿色，边缘叶片为大红色，肉质，倒卵匙形，叶端为三角形，身被白霜，无毛；花序高大，呈淡绿色，花小而多，亮黄色。

拇指仙女杯

别　名	无
科　属	景天科仙女杯属
产　地	未知

☀ 光照：喜光照，耐半阴，夏日忌烈日
　　　暴晒

🥄 施肥：生长期每半个月施薄肥一次

🌡 温度：生长适温为20℃~25℃，不耐寒

💧 浇水：保持盆土湿润即可，浇水时避
　　　免触碰到白粉以防掉落

特征简介　拇指仙女杯是仙女杯的品种之一，形状似拇指，肉萌可爱。覆盖白粉，白粉
有时泛微微的蓝色，白粉掉落后需要非常久的时间恢复，有花穗，属于名贵品种。

白菊

别　名	无
科　属	景天科仙女杯属
产　地	墨西哥、美国

☀ 光照：喜阳光充足的环境，耐半阴

🥄 施肥：生长期每半个月施薄肥一次

🌡 温度：喜温暖，不耐寒

💧 浇水：耐干旱，怕水湿

特征简介　白菊是仙女杯小型品种。易群生，茎短而粗壮，叶片长锥形，较厚实，叶形
与瓦松较相似，叶灰绿色，上面覆有粉，叶前端粉末较多。

子持莲华

别　名	子持年华
科　属	景天科瓦松属
产　地	日本北海道

☀ 光照：喜光照，忌高温暴晒

🖌 施肥：每月施薄肥一次

🌡 温度：最低生长温度为0℃

💧 浇水：夏季控制浇水

特征简介 子持莲华是多年生肉质植物。植株小型，低矮，主茎短，基部侧生匍匐的走茎，易群生；叶片半圆形或长卵形，肉质，簇生于主茎顶端，呈莲座状排列，匍匐茎细长，顶端生细小叶片呈莲座状排列；叶蓝绿色，被少许白粉；光照不足时叶片间生隙，叶片拉长呈长卵形；花序壮观，花黄色，有香气；花期春秋季，花后植株枯死。

富士

别　名	无
科　属	景天科瓦松属
产　地	墨西哥

☀ 光照：喜光照，夏季通风遮阴

🖌 施肥：每月施肥一次

🌡 温度：喜温暖，最低生长温度为5℃

💧 浇水：每月浇水1~2次，不浇透

特征简介 富士是多年生肉质植物，外形与玉蝶锦相似。植株中小型，有短茎；叶片互生，肉质，倒卵匙形，呈标准的莲座状排列；叶片先端圆钝或稍尖，叶面有薄薄的白粉；叶片白色，中间为绿色；植株开花后死亡。

多肉简介

景天科

番杏科

百合科

大戟科

龙舌兰科

仙人掌科

其他科

八宝景天

别　名 | 长药八宝、华丽景天
科　属 | 景天科八宝属
产　地 | 中国东北

☀ 光照：喜光照，耐阴

🥄 施肥：每月施肥一次，夏季增加

🌡 温度：生长适温为15℃~25℃

💧 浇水：保持土壤湿润，忌积水

特征简介　八宝景天是多年生肉质草本植物。植株中型，茎直立生长，青白色，肉质，多分枝，地下茎肥厚，较粗壮；叶片轮状对生，肉质，着生于茎上，倒卵状长圆形，长10厘米左右，宽3厘米左右，先端圆钝，叶缘呈波浪形，基部渐狭；叶色为灰绿色，密被白粉；簇状花序，伞房形，花粉红色或白色，花瓣披针形，五瓣；花期7~10月。

阿房宫

别　名 | 无
科　属 | 景天科奇峰锦属
产　地 | 纳米比亚和南非

☀ 光照：喜光照

🥄 施肥：生长期每月施肥一次

🌡 温度：冬季要维持在10℃以上

💧 浇水：每月浇水一次

特征简介　阿房宫是多年生多肉植物。植株大型，株高可达1.5米；茎干异常肉质臃肿，基部膨大，原产地直径可达0.6米，绿色，多分枝，有膨大的节状物，表面有易脱落的木栓质表皮；叶簇生于枝头顶端，绿色，倒卵形，长约5~11厘米，宽约2.5~4厘米，休眠期叶脱落；花序高约60厘米，花开红色，外瓣有毛。

番杏科主要产自于非洲南部，也产自于亚洲热带和南美洲等地，有130个属1200种。国内栽培的品种主要有生石花属、肉锥花属、露子花属、日中花属、虾钳花属等。番杏科多是一年生或多年生草本或半灌木植物。叶互生或对生，常为单叶，肉质或退化为鳞片，常无托叶；二歧聚伞花序或顶生单枝聚伞花序，花两性，整齐，单生或腋生。

Part 3

碧光环

别 名	无
科 属	番杏科碧光环属
产 地	南非

☀ 光照：喜半日照

🥄 施肥：生长期施用薄肥

🌡 温度：生长适温为15℃~25℃

✋ 浇水：生长期浇水，干透浇透，休眠
　　　　期断水

特征简介　非常耐旱的多浆植物。生长初期像长着两只长耳朵的小兔子，很可爱，叶子散发着碧绿晶莹的光泽，呈半透明状且有颗粒感；具有枝干，容易群生，大面积开花时很壮观；枝干呈褐色干枯状态；夏季进入休眠期，生长期快速萌发新的叶子。

口笛

别 名	无
科 属	番杏科肉锥花属
产 地	南非

☀ 光照：每天日照6小时左右

🥄 施肥：非必需

🌡 温度：生长适温为10℃~25℃

✋ 浇水：耐干旱，脱皮期间多晒少水

特征简介　叶片像爱心，呈元宝状，圆萌可爱；顶端有轻微的棱，日照下棱发红；植株表面有短小的肉质刺，易群生；花期秋季，存在脱皮期，外面老皮逐渐干枯，新植株获得养分，老皮变干变薄后脱落则完成脱皮。

灯泡

别 名	富士山
科 属	番杏科肉锥花属
产 地	南非

☀ 光照：喜阳光充足，不耐阴

🖐 施肥：生长期略施薄肥

🌡 温度：既不耐寒冷也不耐炎热

💧 浇水：耐干旱，怕积水

特征简介　圆圆的一颗呈半球形，直射光下为半透明状，表皮光滑亮晶晶；色泽黄绿微微泛红，酷似灯泡；一般单体生长，偶尔双头；花从顶部开放，大型且呈现淡紫红色，中心部位为白色，春秋开放；植株无茎干，夏季进入休眠期，出现外包老皮来保护内部植株。

风铃玉

别 名	无
科 属	番杏科肉锥花属
产 地	纳米比亚

☀ 光照：喜阳光充足，避免长期暴晒

🖐 施肥：栽培种一般不必另外施肥

🌡 温度：冬季不得低于零下3℃

💧 浇水：耐干旱

特征简介　植株单生或群生，单株由对生的极端肉质叶组成，近似圆柱体，高2~3厘米，其中下部表皮呈红褐色或白绿色中带有红色；顶端圆凸，表皮极薄，较为光滑，接近透明，俗称"窗"，光线由此进入植株体内进行光合作用；顶端有一个浅缝隙，9~11月初从这里开出直径约2厘米的白色花朵；花通常在天气晴朗的白天开放，傍晚闭合，若遇阴雨天或栽培场所光线不足，则不能开放。

多肉简介

景天科

番杏科

百合科

大戟科

龙舌兰科

仙人掌科

其他科

金铃

别 名	无
科 属	番杏科银叶花属
产 地	南非、纳米比亚

☀ 光照：喜充足的阳光

🥄 施肥：生长期略施薄肥

🌡 温度：喜温暖，忌过低温度

💧 浇水：刚上盆时需要浇透水

特征简介 金铃植株非常肉质，无茎；半卵形的叶片交互对生，叶片黄绿色或翠绿色，无斑点，表皮较厚，没有任何花纹，叶背、叶面、叶缘都比较圆润；花从两叶间的中缝开出，具有短柄，花很大，黄色、白色或红色；果实为蒴果，种子细小。

清姬

别 名	无
科 属	番杏科肉锥花属
产 地	南非

☀ 光照：阳光充足即可，忌长时间暴晒

🥄 施肥：生长期略施薄肥

🌡 温度：秋冬季注意保暖

💧 浇水：少量给水避免腐烂

特征简介 清姬是肉锥花属的中小型品种，植株表面纹路清晰，椭圆；纹路精美，在阳光下会变成褐红色或紫色；植株非常肉质，老株常密集成丛；叶浅绿色，顶端纹路绿色，光照充足时纹路会变成红色至紫红色；花在中缝开出，淡米白色，直径1厘米左右，花苞丝状；异花授粉，昼开型。

虾钳

别 名	无
科 属	番杏科虾钳花属
产 地	南非

☀ 光照：喜阳光充足，忌过度暴晒

🪣 施肥：生长期略施薄肥

🌡 温度：生长适温为10℃~25℃

💧 浇水：脱皮期断水，耐干旱

特征简介 肉质多汁，丛生，有酷似虾钳的对生叶，叶子正面扁平，背面圆凸，表皮有小凸起，植株整体呈现灰绿色偏白；老株容易丛生，幼年为单株状态，存在脱皮期。

小红嘴

别 名	口红
科 属	番杏科肉锥花属
产 地	南非

☀ 光照：阳光充足即可

🪣 施肥：非必需，略施薄肥即可

🌡 温度：生长适温为10℃~25℃

💧 浇水：耐干旱

特征简介 袖珍型，最大直径约1厘米左右，很难开花；植株呈半圆球状，表皮青绿色，顶端开口，开口处季节性呈现嫩粉色，好似涂了口红的嘴唇，十分有趣；多单生，偶见双株或多株。

多肉简介
景天科
番杏科
百合科
大戟科
龙舌兰科
仙人掌科
其他科

南蛮玉

别 名	无
科 属	番杏科肉锥花属
产 地	南非

☀ 光照：光照充足即可，勿暴晒

🥄 施肥：每半个月略施薄肥

🌡 温度：生长适温为15℃~25℃

💧 浇水：比较耐干旱，需细心培育

特征简介 品种比较稀有，呈半圆球状，顶端有开裂棱缝，整体呈现灰紫色，表皮凹凸不是特别均匀，呈现雾状；体型袖珍，直径约1厘米左右；多单生，很少双株或多株。

拉登

别 名	无
科 属	番杏科肉锥花属
产 地	南非

☀ 光照：光照充足即可

🥄 施肥：生长期每半个月施一次薄肥

🌡 温度：生长适温为15℃~25℃

💧 浇水：脱皮期断水，耐干旱

特征简介 体型袖珍，呈半圆球状，整体呈嫩绿色或碧绿色，顶部有棱缝，凸出两个圆包；顶部色泽比下端浅，呈乳白色或浅绿色，顶部半透明感强，底部外表颗粒状明显；多单株，少见多株；存在老皮现象保护内部新植株。

生石花

别　名	石头玉、屁股花
科　属	番杏科生石花属
产　地	南非、纳米比亚

☀ 光照：喜阳光充足，忌强光

🖌 施肥：半个月施稀薄液肥一次

🌡 温度：怕低温

💧 浇水：脱皮期少浇水，耐干旱

特征简介　生石花是多年生小型多肉植物，品种较多，各具特色。茎很短，常常看不见；变态叶肉质肥厚，两片对生联结为倒圆锥体；秋季从对生叶的中间缝隙中开出黄、白、粉等色的花朵，多在下午开放，傍晚闭合，次日午后又开，单朵花可开3~7天；开花时花朵几乎将整个植株都盖住，非常娇美，并且部分品种在达到年限后会分头群生；花谢后结出果实，可以收获非常细小的种子；生石花形如彩石，色彩丰富，娇小玲珑，享有"有生命的石头"的美称。

枝干番杏

别　名	无
科　属	番杏科番杏属
产　地	纳米比亚

☀ 光照：喜阳光充足

🖌 施肥：在种子发芽后1~2个月进行，肥要极淡，可以当成浇水，用浸水法施肥

🌡 温度：生长适温为15℃~25℃

💧 浇水：保持土壤微湿润

特征简介　叶非常肉质，对生，棒形，覆有一层透明反光的隆起，所以呈半透明富有颗粒感，非常可爱；嫩茎呈绿色，老茎则呈暗红色或棕色，多年生枝条容易木质化，没有明显的休眠期；具有枝干，非常容易群生；花白色，异花授粉，种子极小，大群生开花非常壮观。

露草

别 名	心叶冰花、露花
科 属	番杏科露草属
产 地	南非

☀ 光照：喜充足的光照

🥄 施肥：每15~20天施腐熟的有机肥一次

🌡 温度：生长适温为10℃~25℃

💧 浇水：春夏季多浇水，冬季控水

特征简介 露草是多年生常绿蔓性肉质草本植物。茎斜卧而生，有分枝，长为30~60厘米，稍带肉质，茎表面有小颗粒状凸起，无毛；分枝长约20厘米，有棱角，形似葡萄藤；叶片肉质肥厚，对生，翠绿色；花开于枝条顶端，形似菊花，花瓣狭小有光泽，深玫瑰红色，中心淡黄色；花期3~11月。

紫勋

别 名	无
科 属	番杏科生石花属
产 地	南非

☀ 光照：喜充足的光照

🥄 施肥：生长期每月施稀薄液肥一次

🌡 温度：生长适温为15℃~30℃

💧 浇水：见干见湿

特征简介 紫勋是多年生肉质植物。植株小型，群生；变态叶肉质肥厚，对生，两片联结为倒圆锥体，高约5厘米，宽3厘米左右，两叶之间有较深的中缝，顶端平或稍圆凸；根据种类不同，叶顶端表面有咖啡色中带红褐色、淡绿色中带深绿色、灰黄色斑点；花朵金黄色或白色，直径3厘米左右；花期秋季。

日轮玉

别　名	无
科　属	番杏科生石花属
产　地	南非

☀ 光照：喜光照，忌强光直射

🥄 施肥：生长期每月施肥一次

🌡 温度：生长适温为20℃~24℃

🫖 浇水：生长期每隔3~5天浇水一次

特征简介 日轮玉是多年生肉质草本植物。植株易群生；变态叶肉质肥厚，对生，两片联结为直径2~3厘米的倒圆锥体，个体之间的大小差异很大；叶表面的基本色调为褐色，深浅不一，有深色的斑点；花直径2.5厘米左右，黄色；花期9月。

花纹玉

别　名	花纹生石花
科　属	番杏科生石花属
产　地	纳米比亚、南非

☀ 光照：喜充足的光照

🥄 施肥：生长期每月施肥一次

🌡 温度：生长适温为10℃~30℃

🫖 浇水：初夏至秋末充分浇水

特征简介 花纹玉是多年生肉质草本植物。植株小型，高可达4厘米，群生；叶片异常肉质，对生，每两枚基部联合，呈卵状，中间有深缝，淡褐色或灰白色；顶面平头，有深褐色的下凹线纹；花单生，白色，雏菊状，花直径2.5~4厘米；花期10~11月。

红花纹玉

别 名	无
科 属	番杏科生石花属
产 地	纳米比亚、南非

☀ 光照：喜光照，日照要充足

🥄 施肥：生长期每月施肥一次

🌡 温度：生长适温为10℃~30℃

🫖 浇水：初夏至秋末充分浇水

特征简介 红花纹玉是多年生肉质草本植物，是花纹玉的一种。植株易群生；叶片肉质对生，基部联合，呈卵状，有两枚，淡褐色或灰白色；叶片顶面平头，红褐色，有黑色线纹；花单生，雏菊状；花期10~11月。

朱弦玉

别 名	石头草
科 属	番杏科生石花属
产 地	纳米比亚

☀ 光照：喜光照，日照要充足

🥄 施肥：生长期每月施肥一次

🌡 温度：生长适温为10℃~30℃

🫖 浇水：初夏至秋末充分浇水

特征简介 朱弦玉是多年生肉质草本植物。植株小型，群生，株体直径为2厘米左右；叶卵状，肉质肥厚，对生，两片联结为倒圆锥体，基部联合，中间有深缝；表皮灰绿色，顶面有淡绿色至粉红色凹凸不平的端面，有深绿色的暗斑；花白色，雏菊状；花期夏末至初秋。

李夫人

别　名　无

科　属　番杏科生石花属

产　地　南非

☀ 光照：喜光照，日照要充足

✎ 施肥：生长期每月施肥一次

🌡 温度：生长适温为10℃~30℃

💧 浇水：初夏至秋末充分浇水

特征简介　李夫人是多年生肉质植物。植株小型，群生，株高3厘米左右；叶片肉质肥厚，呈球果状，对生，基部联合，叶片之间有较深的中缝；叶片浅绿色，顶面有"窗"较平，"窗"上有稀疏的深褐色浮点；花从中缝开放，雏菊状，较小，白色，黄色花粉；花期夏末至中秋。

大津绘

别　名　绿大津绘、海蓝宝石

科　属　番杏科生石花属

产　地　南非

☀ 光照：喜光照，夏季适当遮阴

✎ 施肥：每20天左右施稀薄液肥一次

🌡 温度：生长适温为10℃~30℃

💧 浇水：不干不浇，浇则浇透

特征简介　大津绘是多年生肉质植物。植株小型，茎短；叶片对生，两片联结为倒圆锥体，肉质肥厚，高约4厘米，宽3厘米左右；叶面为鲜绿色，顶端有一块褐绿色的斑，形似有花纹的窗；簇生，花开黄色；花期秋季。

多肉简介

景天科

番杏科

百合科

大戟科

龙舌兰科

仙人掌科

其他科

红大内玉

别 名 | 无

科 属 | 番杏科生石花属

产 地 | 南非

☀ 光照：喜充足的光照，夏季适当遮阴

🥄 施肥：每月施稀薄液肥一次

🌡 温度：生长适温为15℃~25℃

💧 浇水：每月浇水一次

特征简介 红大内玉是多年生肉质植物，是大内玉的变种。植株小型，株高3~4厘米，株体由极端肉质化的对生双叶组成倒圆柱体，中裂明显；新叶露出旧叶时为绿中泛红，有金属光泽，成年后株体颜色深红发紫，晶莹剔透，酷似红玉，故名红大内玉；花开白色，花期11~12月。

辉耀玉

别 名 | 无

科 属 | 番杏科生石花属

产 地 | 南非

☀ 光照：全日照

🥄 施肥：生长期每月施肥一次

🌡 温度：生长适温为15℃~25℃

💧 浇水：初夏至秋末充分浇水，其余时间保持干燥

特征简介 辉耀玉是多年生肉质植物。植株群生，株高2~3厘米，株幅2.5~3.5厘米；叶片为卵形，对生，肉质极其肥厚，整体为黄褐色，有中缝，顶端有凸起的黑色小点；花单生，雏菊状，黄色，花径3~5厘米；花期夏末至初秋。

黄花茧形玉

别 名	无
科 属	番杏科生石花属
产 地	南非

☀ 光照：喜光照

🖐 施肥：生长期每月施肥一次

🌡 温度：生长适温为15℃~25℃

🫗 浇水：每月浇水一次

特征简介 黄花茧形玉是多年生肉质植物，是茧形玉的一种变异品种。植株小型，株高2~4厘米；叶片卵形，双叶对生，有中缝，肉质十分肥厚，黄色，顶端有"窗"，有绿色斑块形成的纹路，似褶皱，又似大理石的纹路；花单生，雏菊状，黄色，白色花心；花期秋季。

粉茧形玉

别 名	无
科 属	番杏科生石花属
产 地	南非

☀ 光照：喜光照

🖐 施肥：生长期每月施肥一次

🌡 温度：生长适温为15℃~25℃

🫗 浇水：每月浇水一次

特征简介 粉茧形玉是多年生肉质植物，是茧形玉的一种变异品种。植株小型，株高2~4厘米；叶片卵形，双叶对生，有中缝，肉质十分肥厚，通体粉色，顶端有"窗"，有褐色斑块形成的纹路，似褶皱，又似大理石的纹路；花单生，雏菊状，白色；花期秋季。

多肉简介

景天科

番杏科

百合科

大戟科

龙舌兰科

仙人掌科

其他科

寿丽玉

别 名	无
科 属	番杏科生石花属
产 地	南非

☀ 光照：喜光照，夏季适当遮阴

🖐 施肥：每20天左右施稀薄液肥一次

🌡 温度：生长适温为10℃~30℃

💧 浇水：不干不浇，浇则浇透

特征简介　寿丽玉是多年生肉质植物。植株小型，高约3~5厘米，宽约2~4厘米；单生或簇生，叶片卵形，双叶对生，有中缝，肉质十分肥厚，株体黄色，顶端有暗褐色斑纹的"窗"面；花从两叶间的中缝开出，花开白色；花期秋季。

亲鸾

别 名	凤翼、青鸾
科 属	番杏科对叶花属
产 地	南非开普省

☀ 光照：喜光照，忌烈日暴晒

🖐 施肥：生长期每30天施肥一次

🌡 温度：生长适温为10℃~24℃

💧 浇水：干透浇透

特征简介　亲鸾是多年生肉质植物。叶对生，肉质肥厚，长约6~8厘米，宽约3~5厘米，厚约1~1.5厘米，卵圆状三角形，顶端尖；基部稍有联合，褐绿色，有明显的透明小点；花从两叶间的中缝开出，有短柄，大花，黄色；花期春季。

帝玉

别 名	多毛石莲花
科 属	番杏科对叶花属
产 地	南非

☀ 光照：喜光照，忌烈日暴晒

🖐 施肥：生长期每30天施肥一次

🌡 温度：生长适温为18℃~24℃

💧 浇水：干透浇透

特征简介 帝玉是多年生肉质植物。植株无茎；叶片肉质肥厚，卵形，交互对生，基部联合呈元宝状，中间有深缝；叶面灰绿色，生有许多深褐色的小斑点；叶表面较平，外缘钝圆，背面凸起；新叶长出，老叶枯萎；花径约7厘米，橙黄色，有短梗，花心颜色稍浅；花期春季。

勋章玉

别 名	无
科 属	番杏科肉锥花属
产 地	南非

☀ 光照：喜光照，耐半阴

🖐 施肥：生长期每月施肥一次

🌡 温度：生长适温为18℃~24℃

💧 浇水：不干不浇，浇则浇透

特征简介 勋章玉是多年生肉质植物。植株密集丛生；叶片肉质肥厚，对生，呈扁心形；叶长3~4厘米，宽2~3厘米，叶片为卵形，顶部有鞍形中缝，两叶先端钝圆；叶黄褐色至褐色，顶端有密集的黑色斑点；花从中缝开出，有细梗，白色或粉色，花心黄色；花期秋季。

萤光玉

别 名	无
科 属	番杏科肉锥花属
产 地	南非

☀ 光照：喜光照，耐半阴

🍃 施肥：生长期每月施肥一次

🌡 温度：生长适温为18℃~24℃

💧 浇水：不干不浇，浇则浇透

特征简介 萤光玉是多年生肉质植物。植株密集丛生；叶片肉质肥厚，对生，呈扁心形；叶长3~4厘米，宽2~3厘米，叶片为卵形，顶部有鞍形中缝，两叶先端钝圆；叶浅绿色，有零星的透明斑点；花从中缝开出，有香味，黄色；花期秋季。

金铃

别 名	无
科 属	番杏科银叶花属
产 地	南非、纳米比亚

☀ 光照：较喜光照，夏季需要遮阴

🍃 施肥：不可过度施肥

🌡 温度：最低温度为10℃，不耐热

💧 浇水：生长期每月浇水一次，夏季保持干燥

特征简介 金铃是多年生肉质植物。植株肉质异常肥厚，无茎，半卵形，一般为两片对生，也有四片互生；下部联合，中缝非常大，叶片顶端距离很大；浅绿色，无斑点，表面光滑，叶缘圆润；花从两叶间的中缝开出，有短柄，大花，黄色或白色；花期秋季。

荒波

别　名	无
科　属	番杏科肉黄菊属
产　地	南非开普省石灰岩山区

☀ 光照：喜光照，避免强光直射

🖌 施肥：生长期每月施肥一次

🌡 温度：生长适温为18℃~24℃

💧 浇水：春秋季生长期两周浇水一次

特征简介 荒波是多年生肉质植物。叶片交互生长，深绿色，三角形，叶缘有利齿状的凸起，凸起上有灰白色的倒须，好似恶龙的大嘴；叶面有白色的瘤状凸起；花开黄色，小花；花期秋季。

碧玉莲

别　名	碧鱼莲
科　属	番杏科碧玉莲属
产　地	热带及亚热带地区

☀ 光照：喜半阴

🖌 施肥：每月施肥一次

🌡 温度：生长适温为10℃~25℃左右

💧 浇水：春秋季多浇，夏冬季少浇

特征简介 碧玉莲是多年生常绿草本植物。株高20~25厘米，茎为圆柱形，多分枝，有淡绿色带紫红色的斑纹；叶片短，肥厚，绿色，有粉，叶缘和背部有半透明的条纹；叶片一般为三瓣，似嫩芽刚发；花小，紫色，莲座状；花期1~2月。

多肉简介

景天科

番杏科

百合科

大戟科

龙舌兰科

仙人掌科

其他科

旭峰

别 名	无
科 属	番杏科旭峰属
产 地	南非

☀ 光照：喜光照，夏季适当遮阴

🍃 施肥：每20天左右施稀薄液肥一次

🌡 温度：生长适温为10℃~30℃

💧 浇水：不干不浇，浇则浇透

特征简介 旭峰是多年生肉质植物。幼株单生，老株则密集丛生；叶片为细棒状，顶端尖，非常肉质，十字交互对生，叶高5~10厘米；老叶匍匐在地，新叶向上生长，叶色为绿色至灰绿色；花从两叶的中缝开出，每株只开一朵，花开红色或白色；花期初春。

五十铃玉

别 名	橙黄棒叶花
科 属	番杏科棒叶花属
产 地	南非、纳米比亚

☀ 光照：喜光照，日照要充足

🍃 施肥：一年施肥5℃~6次

🌡 温度：生长适温为15℃~30℃

💧 浇水：耐干旱，生长期适当浇水

特征简介 五十铃玉是多年生肉质植物。植株小型，密集成丛；株径10厘米，叶肉质，棍棒状，垂直向上生长，叶长2~3厘米，直径0.5~0.7厘米，顶端粗下端较细，顶端扁平，有透明的"窗"，稍圆凸；叶色淡绿色，基部稍呈红色；花橙黄色，带粉色。

快刀乱麻

别　名	无
科　属	番杏科快刀乱麻属
产　地	南非开普省

☀ 光照：喜光照，忌烈日暴晒

🌱 施肥：每半个月施腐熟液肥一次

🌡 温度：生长适温为15℃~25℃

💧 浇水：见干见湿

特征简介　快刀乱麻是多年生肉质植物。植株小型，呈灌木状，高20~30厘米，茎多分枝，有短节；叶片肉质，对生，细长，侧面稍扁，集中在分枝顶端，长约2厘米，先端裂成两瓣，外侧圆弧状，好似一把刀；叶色淡绿色至灰绿色；花径4厘米左右，黄色；花期夏季。

龙须海棠

别　名	松叶菊
科　属	番杏科日中花属
产　地	南非

☀ 光照：喜充足的光照

🌱 施肥：每月施稀薄的液肥一次

🌡 温度：生长适温为15℃~25℃

💧 浇水：保持盆土稍偏干

特征简介　龙须海棠是多年生肉质草本植物。植株多分枝，平卧生长，基部稍显木质化；叶片肉质肥厚，长5~8厘米，对生，呈三棱状线形，有龙骨状凸起；叶面绿色，被有白粉，光滑圆润，密布无数透明小点；花从叶腋生出，直径5~7厘米，单生，花色有粉红色、紫红色、橙色、黄色等，多在天气晴朗的白天开放，花瓣有金属光泽；花期春末夏初。

雷童

别　名	刺叶露子花
科　属	番杏科露子花属
产　地	南非

☀️ 光照：喜光照，日照要充足

🥄 施肥：生长期每月施肥一次

🌡️ 温度：生长适温为15℃~25℃

💧 浇水：保持盆土稍干燥

特征简介 雷童是多年生肉质草本植物。植株小型，呈灌木状，高约30厘米，分二枝，老枝灰褐色，新枝淡绿色，上有白色凸起；叶片肉质，轮生，长1~1.5厘米，厚0.5~0.7厘米，卵圆半球形，基部合生，暗绿色，表皮布满白色的肉质刺，半透明；花有短梗，单生，淡黄色或白色；花期夏季。

狮子波

别　名	怒涛、狂澜怒诗
科　属	番杏科肉菊黄属
产　地	南非

☀️ 光照：喜光照，夏季高温适当遮阴

🥄 施肥：生长期每月施肥一次

🌡️ 温度：生长适温为15℃~25℃

💧 浇水：生长期保持盆土稍湿润

特征简介 狮子波是多年生肉质植物。植株小型，高度肉质化；株高4~5厘米，株幅6~10厘米；叶片肉质，对生，前段呈三角形，表皮为淡灰绿色，叶缘有成对的肉齿，共10对，附倒须，叶面有凸出的肉瘤疙瘩；花黄色，花期秋季。

鹿角海棠

别　名	熏波菊
科　属	番杏科鹿角海棠属
产　地	非洲西南部

☀ 光照：喜光照，夏季适当遮阴

🥄 施肥：春秋季每月施肥一次

🌡 温度：生长适温为15℃~25℃

💧 浇水：不干不浇，浇则浇透

特征简介　鹿角海棠是多年生肉质灌木植物。植株小型，株高25~35厘米，有分枝，分枝处有节间；老枝灰褐色，新枝嫩绿色；叶肉质，交互对生，整体为三棱状，棱面为半月形，长2~4厘米，宽0.3~0.5厘米，叶端尖；叶粉绿色，对生叶在基部合生；花有短梗，顶生，单生或数朵间生，花径3~5厘米，花粉红色或白色；花期冬季。

百合科植物归于单子叶植物类，有230属4000种，在全球均有分布，主要生于亚热带和温带地区。百合科是一个庞大的科，多肉植物多集中在芦荟属、沙鱼掌属和十二卷属等14个属，多数为多年生草本，少数为灌木或乔木。叶片基生、茎生，多为互生，少有轮生，有根状茎、鳞茎、球茎或块茎，花序多样，多为总状花序和圆锥状花序。

Part 4
百合科

波路

别 名	绫锦
科 属	百合科芦荟属
产 地	南非

☀ 光照：喜光照，忌夏季烈日暴晒

🥄 施肥：生长期每半个月施薄肥一次

🌡 温度：生长适温为20℃~24℃

💧 浇水：忌积水，保持盆土稍湿润

特征简介　波路是多年生肉质草本植物。植株为紧密排列的莲座状，叶片为披针形，长7~8厘米，数量多，先端为三角形，肉质，叶色为深绿色，叶面上有软刺和稀疏的白色斑点，叶背拱起有龙骨，叶缘有细小锯齿；圆锥状花序生于顶部，花色橙红色；花期秋季。

翠花掌

别 名	千代田锦、木锉芦荟、什锦芦荟
科 属	百合科芦荟属
产 地	南非

☀ 光照：耐半阴，夏季忌烈日暴晒

🥄 施肥：每10天施腐熟的稀薄液肥一次

🌡 温度：生长适温为10℃~25℃

💧 浇水：生长期保持盆土湿润而不积水

特征简介　翠花掌是多年生肉质草本植物。植株有短茎，中小型，高20厘米左右；叶片呈旋叠状，从根部长出，肉质肥厚，呈三角剑形；叶正面呈V字形内凹，长10~15厘米，宽3~4厘米，叶缘密生白色的细小肉刺；叶色为深绿色，表面有不规则的银白色斑纹；穗状花序，花筒状，小花，数量多，橙黄色或橙红色；花期冬季至春季。

女王芦荟

别 名	无
科 属	百合科芦荟属
产 地	非洲、莱索托

☀ 光照：喜充足的阳光

🥄 施肥：生长期每月施肥一次

🌡 温度：喜欢生长在凉爽的环境中

💧 浇水：忌湿热，宜晚上浇水

特征简介 女王芦荟是一种具备极高观赏价值的芦荟。叶片呈完美的螺旋状排列，色泽碧绿；夏季开花，有花剑，花朵十分艳丽壮观，花橙红色至深红色。

圣诞芦荟

别 名	圣诞歌颂
科 属	百合科芦荟属
产 地	非洲和地中海沿岸

☀ 光照：养护环境日照充足

🥄 施肥：生长期每月施肥一次

🌡 温度：生长适温为10℃~25℃

💧 浇水：一个月浇水一次

特征简介 圣诞芦荟的叶缘、叶面和叶背都有尖刺，而且会变色，温差大时会变得非常艳丽；生长比较缓慢，长成红色后很像章鱼爪子；属于春秋种型。

多肉简介

景天科

番杏科

百合科

大戟科

龙舌兰科

仙人掌科

其他科

芦荟

别 名	卢会、象胆
科 属	百合科芦荟属
产 地	南非

☀ 光照：喜光照，耐半阴

🥄 施肥：每半个月施发酵的有机肥一次

🌡 温度：生长适温为20℃~30℃

💧 浇水：生长期充分浇水，忌积水

特征简介 芦荟是多年生常绿肉质草本植物。植株中小型，茎短；叶片肉质肥厚多汁，簇生，叶色为绿色，叶片为条状披针形，稍宽，先端渐尖，叶片边缘有稀疏的尖齿状短刺；总状花序，花筒状，花葶高50~90厘米，花色为黄色或红色，有红色斑点，花开六瓣；花期春季。

大第可芦荟

别 名	第可芦荟
科 属	百合科芦荟属
产 地	马达加斯加

☀ 光照：喜光照，夏季适当遮阴

🥄 施肥：生长期每半个月施肥一次

🌡 温度：生长适温为20℃~24℃

💧 浇水：耐干旱，怕积水

特征简介 大第可芦荟是多年生肉质草本植物。株高4~5厘米；叶片为狭长三角形，长3~4厘米，整体呈莲座状；叶面为暗绿色，密布白色小疣点，边缘有白齿；花小，钟形，浅橙黄色；花期夏季。

鬼切芦荟

别 名	鬼切丸、山地芦荟、马氏芦荟
科 属	百合科芦荟属
产 地	博茨瓦纳、南非

☀ 光照：喜光照，夏季适当遮阴

🖌 施肥：生长期每半个月施肥一次

🌡 温度：生长适温为20℃~24℃

💧 浇水：耐干旱，怕积水

特征简介　鬼切芦荟是多年生常绿乔木。植株大型，茎部粗壮，高达5~6米，茎底部粗达50厘米；叶片肉质，略弯，呈莲座状，长达1.8~2米，基部宽达20~30厘米；叶面为中绿色或灰绿色；叶缘与叶背生有粗壮的刺；大型花序开于顶端，高达1~1.5米，有5~10个分枝，橙黄色；花期夏季。

不夜城芦荟

别 名	高尚芦荟、不夜城、大翠盘
科 属	百合科芦荟属
产 地	南非

☀ 光照：喜充足的光照

🖌 施肥：每半个月左右施薄肥一次

🌡 温度：生长适温为15℃~25℃左右

💧 浇水：不干不浇，浇则浇透

特征简介　不夜城芦荟是多年生肉质草本植物。植株中小型，高35~50厘米，丛生或单生，茎短而粗壮；叶片为披针形，幼苗时呈互生排列，成年后变为轮状排列；肉质肥厚，叶色为绿色；叶片边缘有稀疏的尖齿状短刺，白色，叶片表面有稀疏的白色肉质颗粒；总状花序生于顶部，筒形，小花，花色为橙红色；花期冬末至早春。

不夜城锦

别名	无
科属	百合科芦荟属
产地	南非

☀ 光照：喜光照，日照要充足

🥄 施肥：每15~20天施薄肥一次

🌡 温度：生长适温为20℃左右

🫖 浇水：不干不浇，浇则浇透

特征简介 不夜城锦是多年生肉质草本植物，是不夜城芦荟的斑锦变异品种。植株高30~50厘米，单生或丛生，茎粗壮；叶片披针形，肉质，肥厚；叶面为黄绿两色，幼苗时互生排列，成年后为轮状互生；叶缘四周长有白色的肉齿，叶面及叶背长有散生的白色肉质凸起；松散的总状花序从叶丛上部抽出，小花筒形，橙红色；花期冬末至早春。

库拉索芦荟

别名	巴巴芦荟
科属	百合科芦荟属
产地	美洲西印度群岛

☀ 光照：喜充足的光照

🥄 施肥：每15~20天施腐熟的有机肥一次

🌡 温度：生长适温为10℃~25℃

🫖 浇水：春夏季多浇水，冬季控水

特征简介 库拉索芦荟是多年生肉质草本植物。植株大型，株高60厘米，茎短；叶簇生，自茎的顶端生出，直立生长，呈披针形，长15~35厘米，宽2~6厘米，肉质肥厚；叶片基部宽大，前端渐尖，叶色为灰绿色；叶面稍内凹，叶缘有稀疏的刺状小齿，粉红色；松散的总状花序，花管状，花色为黄色；花期春季。

俏芦荟

别 名	西昆达芦荟
科 属	百合科芦荟属
产 地	索马里夹岸坝森林保护区

☀ 光照：喜光照，忌阳光直射

🖌 施肥：生长期每月施肥一次

🌡 温度：生长适温为16℃~20℃

💧 浇水：生长期可以适量浇水，冬季保持干燥

特征简介 俏芦荟是多年生肉质草本植物。植株中小型，株高约35厘米；叶片细长，表面为鲜绿色，零星点缀着淡绿色的斑纹；叶片紧密，呈莲座状，莲座状叶盘直径约6~8厘米，顶端的叶片向下弯曲；叶缘有红褐色的锯齿；花葶高约30厘米，但每个花葶上只有20朵花；花朵较小，长3~5厘米，直径仅5毫米；花期全年。

折扇芦荟

别 名	乙姬之舞扇、扇叶芦荟
科 属	百合科芦荟属
产 地	南非

☀ 光照：喜光照，夏季适当遮阴

🖌 施肥：每15~20天施稀薄液肥一次

🌡 温度：最低生长温度为10℃

💧 浇水：耐干旱，忌积水

特征简介 折扇芦荟是多年生肉质灌木植物。植株大型，高可达4~5米，分枝多；叶片生于茎顶，呈折扇状排列，有12~18枚，肉质肥厚，长舌状，长25~30厘米，宽5~8厘米，先端椭圆，叶缘平滑，叶色为蓝绿色；花序高达4~5米，花深红色；花期9~10月。

多肉简介
景天科
番杏科
百合科
大戟科
龙舌兰科
仙人掌科
其他科

琉璃姬孔雀

别 名	羽生锦、毛兰
科 属	百合科芦荟属
产 地	马达加斯加

☀ 光照：喜光照，稍耐半阴

🖌 施肥：生长期每15天施薄肥一次

🌡 温度：喜温暖，最低生长温度为7℃

🫗 浇水：生长期多浇水

特征简介 琉璃姬孔雀是多年生肉质植物。植株小型，高6厘米，宽10厘米，呈稀疏的莲座状排列，肉质，无茎；叶丛生，细剑形，长3~5厘米，褐绿色，偶有红色，叶缘有稀疏的白色锯齿，叶尖有刺；总状花序，长30厘米，花筒状，长1厘米，橙色；花期夏季。

翡翠殿

别 名	无
科 属	百合科芦荟属
产 地	南非

☀ 光照：喜光照，稍耐半阴

🖌 施肥：每15天施发酵的有机肥一次

🌡 温度：生长适温为18℃~30℃

🫗 浇水：生长期充分浇水，忌积水

特征简介 翡翠殿是多年生肉质植物。植株中小型，高35~40厘米，宽15~20厘米；叶片为三角形，互生，呈螺旋状排列；叶色初为淡绿色，渐变至黄绿色，叶缘有细小白色的锯齿，叶两面有稀疏的不规则的白色星点；总状花序，高25厘米，花小，橙黄色至橙红色；花期夏季。

王刺锦

别 名	皮刺芦荟
科 属	百合科芦荟属
产 地	南非维瓦特兰鳄鱼河谷和普马兰加省

☀ 光照：喜光照，夏季适当遮阴

🖌 施肥：每月施稀薄液肥一次

🌡 温度：生长适温为15℃~25℃

🫖 浇水：耐干旱，忌积水

特征简介 王刺锦是多年生肉质草本植物。植株中型，高达30~60厘米，簇生，茎部粗壮；叶片披针形，肉质肥厚，呈莲座状；叶面光滑，叶背长有散生的白色肉质凸起，深绿色，叶缘四周长有红色的肉齿，日照充足时叶片颜色可以从绿色变至粉色再到火红色；松散的总状花序从叶丛上部抽出，花橙色至红色，到黄色时枯萎。

寿

别 名	无
科 属	百合科十二卷属
产 地	非洲

☀ 光照：喜光照，夏季适当遮阴

🖌 施肥：每月施肥一次，磷钾肥为主

🌡 温度：生长适温为5℃~25℃

🫖 浇水：耐干旱，怕积水

特征简介 寿是多年生肉质植物。植株小型，无茎或短茎；叶片肥厚，螺旋状生长，呈莲座状，从上俯视如一"寿"形的圆；叶片顶端多有点状或线状纹路，叶缘依品种不同或有短刺；花梗长，总状花序，小花，筒形，白色；花期冬末春初。

多肉简介

景天科

番杏科

百合科

大戟科

龙舌兰科

仙人掌科

其他科

白银寿

别 名	无
科 属	百合科十二卷属
产 地	南非

☀ 光照：喜光照，夏季适当遮阴

🥄 施肥：每月施肥一次，磷钾肥为主

🌡 温度：生长适温为5℃~25℃

💧 浇水：耐干旱，怕积水

特征简介 白银寿是多年生肉质植物，是"寿"系列的一种，从上俯视如一"寿"形的圆。植株小型，茎短；叶片旋转生长，前端呈三角形；叶片厚实，排列紧凑，呈莲座状；叶面呈浓白色，有白色的点状纹路，叶顶夹杂红色纹路，故称"白银"；总状花序，小花筒形，灰白色；花期冬末春初。

红寿

别 名	红纹寿
科 属	百合科十二卷属
产 地	非洲

☀ 光照：喜光照，夏季适当遮阴

🥄 施肥：每月施肥一次，磷钾肥为主

🌡 温度：生长适温为5℃~25℃

💧 浇水：耐干旱，怕积水

特征简介 红寿是多年生肉质植物，是"寿"系列的一种，从上俯视如一"寿"形的圆。植株小型，茎短；叶片旋转生长，前端呈三角形；叶片厚实，排列紧凑，呈莲座状；叶面呈红色，有红色的点状纹路；总状花序，小花筒形，灰白色；花期冬末春初。

美吉寿

别 名	无
科 属	百合科十二卷属
产 地	南非

☀ 光照：喜光照，耐半阴

🖐 施肥：较喜肥，生长期每月施肥一次

🌡 温度：生长适温为5℃~25℃

💧 浇水：耐干旱，生长期保持稍湿润，忌积水

特征简介 美吉寿是多年生肉质草本植物，是霸王城的变种。植株小型，株高3~5厘米，株幅7~10厘米；叶片厚实，前端呈三角形，排列紧凑，呈莲座状；叶面半透明带红色，有三条下凹的浅褐色纵线，强光下呈鲜红色，叶缘密生白色肉齿；总状花序，花筒状，白色；花期冬末春初。

玉露寿

别 名	无
科 属	百合科十二卷属
产 地	非洲南部

☀ 光照：喜半阴环境

🖐 施肥：每月施稀薄液肥一次

🌡 温度：冬季温度最好不低于10℃

💧 浇水：耐干旱，忌积水

特征简介 玉露寿是多年生肉质植物，是"寿"系列的一种。植株小型，无茎；叶片旋转生长，肉质肥厚，顶端为三角形，有"窗"，排列紧凑，呈莲座状，从上方俯视看到的正是由许多三角形合成的一个圆，犹如寿字纹；叶面为深绿色，呈半透明状；总状花序，小花筒形；花期冬末春初。

多肉简介

景天科

番杏科

百合科

大戟科

龙舌兰科

仙人掌科

其他科

玉露寿锦

别 名	无
科 属	百合科十二卷属
产 地	非洲南部

☀ 光照：喜半阴环境

🥄 施肥：每月施稀薄液肥一次

🌡 温度：冬季温度最好不低于10℃

💧 浇水：耐干旱，忌积水

特征简介 玉露寿锦是多年生肉质植物，是玉露寿的斑锦变异品种。植株小型，是"寿"系列的一种，无茎；叶片旋转生长，肉质肥厚，顶端为三角形，排列紧凑，呈莲座状，从上方俯视看到的正是由许多三角形合成的一个圆，犹如寿字纹；叶面为绿黄两色交替，呈半透明状；总状花序，小花筒形；花期冬末春初。

水晶掌

别 名	三角琉璃莲、宝草
科 属	百合科十二卷属
产 地	南非

☀ 光照：喜光照，夏季高温适当遮阴

🥄 施肥：每年春季施1~2次以磷钾肥为主的淡液肥

🌡 温度：生长适温为20℃~25℃

💧 浇水：生长期保持盆土湿润

特征简介 水晶掌是多年生肉质草本植物。植株高5厘米，茎短；叶片为长圆形或匙形，肉质肥厚，茎上互生，呈紧密排列的莲座状；叶色为嫩绿色，叶肉半透明，叶面分布有青色的斑块，叶缘有白色绒毛般的细小锯齿；总状花序生于顶部，花葶细长，从群叶中央的叶腋处生出，高于群叶，花极小；花期6~8月。

宝草锦

别 名	无
科 属	百合科十二卷属
产 地	南非

☀ 光照：喜光照，夏季高温适当遮阴

🥄 施肥：每年春季施1~2次以磷钾肥为主的淡液肥

🌡 温度：生长适温为20℃~25℃

💧 浇水：生长期保持盆土湿润

特征简介 宝草锦是多年生肉质草本植物，是水晶掌的斑锦品种。植株小型，株高5~8厘米，群生，茎短；叶片为长圆形或匙形，肉质肥厚，茎上互生，呈紧密排列的莲座状；叶色为嫩绿色或黄色，叶肉半透明，叶面分布有白色条纹，叶缘有白色绒毛般的细小锯齿；总状花序生于顶部，花葶细长，从群叶中央的叶腋处生出，高于群叶，花极小；花期6~8月。

环纹冬星

别 名	无
科 属	百合科十二卷属
产 地	南非

☀ 光照：喜光照，夏季适当遮阴

🥄 施肥：每月施肥一次

🌡 温度：生长适温为5℃~25℃

💧 浇水：耐干旱，怕积水

特征简介 环纹冬星是多年生肉质草本植物，是一款比较经典的老款硬叶品种。植株小型，叶片为三角披针形，前段尖锐，呈莲座状；叶面有白色如甜甜圈的疣点，整体为绿色；总状花序；花期春夏季。

多肉简介

景天科

番杏科

百合科

大戟科

龙舌兰科

仙人掌科

其他科

玉露

别 名	无
科 属	百合科十二卷属
产 地	南非

☀ 光照：喜光照

🪣 施肥：每月施一次有机肥

🌡 温度：不耐寒，最低温度为15℃

🫗 浇水：不干不浇，浇则浇透

特征简介　玉露是多年生肉质草本植物。植株幼时单生，随时间渐变成群生；叶片肉质肥厚饱满，呈紧密排列的莲座状；叶色为嫩绿色，顶端呈透明或半透明状，表面有深绿色的线状竖纹，在光照充足的情况下竖纹变为褐色，叶尖有细小的白色绒毛；松散的总状花序，花小，白色；花期夏季。

白斑玉露

别 名	水晶白玉露
科 属	百合科十二卷属
产 地	南非

☀ 光照：过强或过弱都不利于植株的生长

🪣 施肥：每月施一次低氮高磷钾的复合肥

🌡 温度：能耐3℃~5℃的低温

🫗 浇水：不干不浇，浇则浇透，避免积水

特征简介　白斑玉露是多年生肉质植物，是玉露的小型变种。株高4~5厘米，株幅6~8厘米；叶片肥厚饱满，呈紧凑的莲座状排列；叶片顶端为角锥状，半透明，叶面碧绿色间杂镶嵌乳白色斑纹；松散的总状花序，小花白色；花期夏季。

赤线玉露

别 名	无
科 属	百合科十二卷属
产 地	南非

☀ 光照：喜充足的光照

🖌 施肥：每月施有机肥一次

🌡 温度：不耐寒，最低温度为15℃

💧 浇水：不干不浇，浇则浇透

特征简介 赤线玉露是多年生肉质草本植物，是玉露的变异品种。植株小型，初单生，渐而群生；叶片肉质肥厚饱满，呈紧密排列的莲座状；叶色为嫩绿色，顶端呈三角锥形，透明或半透明状，叶尖和锥棱上生有细小的白色绒毛，叶片表面有深绿色的线状竖纹；总状花序，花小，白色；花期夏季。

翡翠玉露

别 名	无
科 属	百合科十二卷属
产 地	南非

☀ 光照：喜充足的光照

🖌 施肥：每月施有机肥一次

🌡 温度：不耐寒，最低温度为15℃

💧 浇水：不干不浇，浇则浇透

特征简介 翡翠玉露是多年生肉质草本植物，是玉露的栽培品种。植株小型，初单生，渐而群生；叶片肉质肥厚饱满，呈紧密排列的莲座状；老叶为透明的白色，新叶自植株中心长出，呈绿色至黄绿色；叶片表面有深绿色的线状竖纹，顶端呈三角锥形或圆锥形；总状花序，花小，白色；花期夏季。

白折瑞鹤

别　名	无
科　属	百合科十二卷属
产　地	南非

☀ 光照：喜光照，夏季适当遮阴

🥄 施肥：每月施肥一次，磷钾肥为主

🌡 温度：生长适温为10℃~25℃

💧 浇水：耐干旱，怕积水

特征简介　白折瑞鹤是多年生肉质草本植物，是瑞鹤的园艺品种。植株茎短，叶片轮生于茎轴上，呈莲座状紧密排列；叶片为长三角形，呈螺旋状向上放射生长，肉质肥厚，质地坚硬，内侧微凹，叶背拱起似龙骨状，先端尖；叶色为嫩绿色，叶缘和叶背中间为白色的角质；总状花序，花筒直立，基部膨大，花瓣灰色，有绿色的纵条纹；花期春夏季。

龙城

别　名	五重之塔、象牙之塔
科　属	百合科十二卷属
产　地	南非

☀ 光照：喜光照，耐半阴

🥄 施肥：较喜肥，生长期每月施肥一次

🌡 温度：生长适温为5℃~25℃

💧 浇水：耐干旱，生长期保持稍湿润，忌积水

特征简介　龙城是多年生肉质草本植物。植株小型，株高20~30厘米，株幅8~10厘米；整体呈三角柱状，叶片为三角形，前端尖，向下弯曲；肉质坚硬，叶面深绿色，中间为凹形，叶背布满小疣点；花小，白色；花期夏季至秋季。

条纹十二卷

别 名	条纹蛇尾兰、锦鸡尾
科 属	百合科十二卷属
产 地	非洲南部热带干旱地区

☀ 光照：喜光照，夏季高温适当遮阴

🖐 施肥：生长期每20天施肥一次

🌡 温度：生长适温为15℃~20℃

💧 浇水：干透浇透

特征简介 条纹十二卷是多年生肉质草本植物。植株小型，无茎，群生；株高15厘米左右，株幅10~15厘米；基部抽芽，叶片轮生，先端渐尖为三角状披针形，呈莲座状紧密排列；叶面深绿色，形状扁平，有不规则分布的白色斑点；叶背有横向的白色条纹，由白色瘤状凸起组成；总状花序，花葶长约1.5厘米，花小，筒状，绿白色；花期夏季。

点纹十二卷

别 名	无
科 属	百合科十二卷属
产 地	南非

☀ 光照：喜光照，夏季适当遮阴

🖐 施肥：生长期每两周施复合肥一次

🌡 温度：生长适温为15℃~30℃，冬季不低于10℃

💧 浇水：每两周浇一次水，保持盆土干燥

特征简介 点纹十二卷是多年生常绿草本植物。叶片轮生呈莲座状，三角形，下厚上粗，顶部很尖锐，深绿色，没有光泽，叶面分布着横向的白色凸起的点状物；花序从叶边横出，花小，蓝紫色，有筒状花萼；花期5月。

多肉简介
景天科
番杏科
百合科
大戟科
龙舌兰科
仙人掌科
其他科

鹰爪十二卷

别　名	鹰爪芦荟、蝶兰
科　属	百合科十二卷属
产　地	非洲南部

☀ 光照：喜光照，夏季适当遮阴

🥄 施肥：生长期每三周施肥一次

🌡 温度：生长适温为16℃~20℃

🫖 浇水：干透浇透

特征简介 鹰爪十二卷是常见的小型多浆植物，如鹰爪一般。植株较小，株高和株幅均为15厘米左右；叶片形状锐利，为三角状披针形，表面镶嵌着带状的白色星点，尖端向中间聚拢，叶面深绿色，叶背绿色；总状花序，花筒状，花葶长1.5厘米，小花绿白色；花期夏季。

松之霜锦

别　名	无
科　属	百合科十二卷属
产　地	南非

☀ 光照：喜光照，夏季适当遮阴

🥄 施肥：生长期每月施肥一次

🌡 温度：生长适温为15℃~20℃

🫖 浇水：干透浇透

特征简介 松之霜锦是多年生肉质草本植物，是松之霜的斑锦变异品种。植株较小，株高和株幅均为20厘米左右，无茎，基部抽芽，群生；叶片紧密轮生为三角状披针形，形状笔直尖锐，呈莲座状排列；叶面为黄绿双色，叶背有横生的整齐白色疣点，形成横向的白色条纹；总状花序，花筒状；花期夏季。

京之华锦

别 名	凝脂菊
科 属	百合科十二卷属
产 地	南美洲玻利维亚、阿根廷、巴西

☀ 光照：过强或过弱都不利于植株的生长

✋ 施肥：每月施肥一次

🌡 温度：生长适温为15℃~25℃

💧 浇水：不干不浇，浇则浇透，避免积水

特征简介 京之华锦是多年生肉质植物，是京之华的斑锦变异品种，属于软叶系。植株小型，群生；叶片肥厚，呈莲座状，叶表平滑，背部隆起，顶端透明有"窗"，似三角形，叶面有绿色的条纹，叶尖有细长绒线，少数叶整片都呈黄色或白色；总状花序，小花，白绿色；花期夏季。

星霜

别 名	无
科 属	百合科十二卷属
产 地	南非

☀ 光照：喜光照，夏季适当遮阴

✋ 施肥：每月施稀薄液肥一次

🌡 温度：生长适温为15℃~20℃

💧 浇水：耐干旱，忌积水

特征简介 星霜是多年生肉质草本植物。植株小型，株高15~20厘米，株幅6~8厘米；叶片为锋利剑状，叶面灰绿色，顶端有红色，有横向整齐的白色疣点，形成横向的白色条纹；叶缘有密集的白色肉齿，叶片轻度内侧弯曲，呈含苞待放式，基部易生子株；总状花序，花筒状；花期夏季。

多肉简介
景天科
番杏科
百合科
大戟科
龙舌兰科
仙人掌科
其他科

琉璃殿

别 名	旋叶鹰爪草
科 属	百合科十二卷属
产 地	南非

☀ 光照：喜光照，耐半阴

🍃 施肥：每月施肥一次

🌡 温度：生长适温为18℃~24℃

💧 浇水：盆土保持湿润，忌时干时湿

特征简介　琉璃殿是多年生肉质草本植物。植株小型，单生或群生，无茎，叶基部簇生，约20枚，螺旋状排列，呈莲座状；叶先端渐尖，卵圆状三角形，正面内凹，背面有明显的龙骨凸起；叶色为深绿色，有整齐的横向条纹，由许多浅绿色的小疣组成，形似琉璃瓦；总状花序，花白色；花期夏季。

银雷

别 名	无
科 属	百合科十二卷属
产 地	南非

☀ 光照：喜光照，夏季适当遮阴

🍃 施肥：每月施肥一次

🌡 温度：生长适温为15℃~25℃

💧 浇水：夏季多浇水，冬季控制浇水

特征简介　银雷是多年生肉质植物。植株小型，无茎，株高5~7厘米，株幅8~10厘米；叶片顶端为三角形，叶端渐尖，长3~7厘米，肉质肥厚，叶面不透明，叶色为青绿色，布满细小的白色绒毛状颗粒；总状花序，花筒状，花小，白色；花期夏季。

玉扇

别　名	截形十二卷
科　属	百合科十二卷属
产　地	南非

☀ 光照：喜充足的阳光，忌强光直射

🖌 施肥：每20天施稀薄液肥一次

🌡 温度：生长适温为10℃~25℃

💧 浇水：保持盆土湿润，忌积水

特征简介　玉扇是多年生肉质植物。植株无茎，矮小，根部粗壮；叶片对生，直立生长，向两侧伸长，肉质肥厚，叶面稍向内弯，顶部呈截面状，略凹陷，整体呈扇形；叶表粗糙，绿色至暗绿褐色，顶端截面为白色，有小疣状凸起；总状花序，花茎长25厘米左右，花筒状，白色，长1.5~2厘米；花期夏季至秋季。

玉扇锦

别　名	无
科　属	百合科十二卷属
产　地	南非

☀ 光照：喜光照，稍耐半阴

🖌 施肥：每月施肥一次

🌡 温度：不耐寒，最低生长温度为5℃

💧 浇水：不干不浇，浇则浇透

特征简介　玉扇锦是多年生肉质植物，是玉扇的斑锦变异品种。植株矮小，株高2~4厘米，株幅8~10厘米，无茎，根部粗壮；叶片对生，直立生长，向两侧伸长，肉质肥厚，叶面稍向内弯，顶部呈截面状，略凹陷，整体呈扇形；叶表粗糙，绿色至暗绿褐色，有黄色或白色的纵向斑纹，呈丝状或块状；顶端截面为透明的白色，有小疣状凸起；花白色；花期夏季。

万象

别　名	象脚草、毛汉十二卷
科　属	百合科十二卷属
产　地	南非开普省

☀ 光照：喜光照，夏季高温适当遮阴

🥄 施肥：生长期每月施肥一次

🌡 温度：最低生长温度为5℃

💧 浇水：干透浇透，忌积水

特征简介 万象是多年生肉质植物。植株小型，无茎；叶片自基部生出，长2~5厘米，肉质肥厚，呈半个圆筒状，好似象腿，排成松散的莲座状；叶片顶端有半透明的"小窗"，为平整的截形，叶面粗糙，叶色为深绿色，有闪电状的红褐色花纹；总状花序，花葶长约20厘米，小花，8~10朵，花色为白色，有绿色的中脉；花期春夏季。

雪国

别　名	雪国万象
科　属	百合科十二卷属
产　地	南非开普省

☀ 光照：喜光照，夏季高温适当遮阴

🥄 施肥：生长期每月施肥一次

🌡 温度：最低生长温度为5℃

💧 浇水：干透浇透，忌积水

特征简介 雪国是多年生肉质植物，是万象的栽培品种。植株小型，无茎；叶片自基部生出，肉质肥厚，呈半个圆筒状，好似象腿；叶片顶端有半透明的"小窗"，"窗"较之万象要大，为平整的截形，叶面粗糙，叶色为深绿色；总状花序，小花，8~10朵，白色；花期春夏季。

姬玉露

别　名	无
科　属	百合科十二卷属
产　地	南非

☀ 光照：喜充足柔和的阳光

🖐 施肥：每月施磷钾复合肥一次

🌡 温度：能耐3℃的低温

💧 浇水：不干不浇，浇则浇透

特征简介 姬玉露是多年生肉质植物。植株中小型，无茎，紧密排列呈莲座状；叶片肉质肥厚，翠绿色，上半段呈半透明或透明状，生有线状脉纹，阳光充足时其脉纹为褐色，叶顶端有细小的"须"；花期3~5月。

冰泉康平寿

别　名	无
科　属	百合科十二卷属
产　地	墨西哥

☀ 光照：喜充足的光照

🖐 施肥：生长期每月施肥一次

🌡 温度：生长适温为16℃~25℃

💧 浇水：生长期每半个月浇水一次

特征简介 冰泉康平寿是多年生肉质植物，是康平寿的栽培品种。植株中小型，株幅可达15厘米，无茎，呈紧密排列的莲座状；叶片肉质肥厚，先端为三角形，叶色深绿色，不透明，表面有褶皱，有较深的竖纹及不规则的脉纹，生有少许白色斑点。

子宝

别 名	元宝花
科 属	百合科沙鱼掌属
产 地	南非

☀ 光照：喜半阴

🖐 施肥：每月施有机肥一次

🌡 温度：喜温怕冷，最低生长温度为15℃

💧 浇水：不干不浇，浇则浇透

特征简介 子宝是多年生肉质草本植物。植株小型，低矮；叶片为舌状，长2~5厘米，宽1~3厘米，肉质肥厚，表面光滑，嫩绿色，密布黄白色斑点，暴晒后变成红色；花葶从叶根部长出，花较小，红绿色；花期冬季至次年春季。

卧牛

别 名	厚舌草
科 属	百合科沙鱼掌属
产 地	南非、纳米比亚

☀ 光照：喜光照，忌强光直射

🖐 施肥：每月施肥一次

🌡 温度：生长适温为18℃~21℃

💧 浇水：春秋季每周浇水一次

特征简介 卧牛是多年生肉质草本植物。植株低矮，无茎；叶片为舌状，长3~5厘米，宽2~3厘米，质感粗糙，先端有尖，肉质肥厚，分成两列叠生，墨绿色，生有疣状凸起，叶背有明显的龙骨凸起；总状花序，高20~30厘米，花筒状，下垂，上绿下红；花期春末至夏季。

卧牛锦

别 名	无
科 属	百合科沙鱼掌属
产 地	南非

☀ 光照：喜光照，忌强光直射

🖌 施肥：每月施肥一次

🌡 温度：生长适温为18℃~21℃

💧 浇水：保持盆土湿润，忌积水

特征简介 卧牛锦是多年生肉质草本植物，是卧牛的斑锦变异品种。叶片为舌状，长3~8厘米，宽3~5厘米，先端渐尖，肉质肥厚坚硬，质地粗糙，呈两列叠生，深绿色，较卧牛更有光泽，密布小疣突，有纵向的黄色斑纹，叶背有明显的龙骨凸起；总状花序，花筒状，下垂，上绿下橙；花期春末至夏季。

大戟科植物多生长于热带和亚热带地区，属于双子叶植物，近300个属5000种，其中有4个属为常见的多肉植物。大戟科多肉植物包括乔木、草本或灌木植物，体内常有白色乳液，花单性，雌雄同株或异株，通常为总状花序或聚伞花序。叶片一般为单叶，互生，少有对生或轮生，常为鳞片状，边缘有锯齿。

Part 5

大戟科

铜绿麒麟

别 名	铜绿大戟、铜缘麒麟
科 属	大戟科大戟属
产 地	南非

☀ 光照：喜充足的光照

🥄 施肥：生长期每半个月施薄肥一次

🌡 温度：最低生长温度为10℃

💧 浇水：生长期充分浇水，忌积水

特征简介 铜绿麒麟是灌木状多肉植物。植株中型，整体似狼牙棒；茎干自基部生出，圆柱状，分成4~5条棱，密集生长；茎枝的表皮为铜绿色，棱缘上有长条形的红褐色斑块，斑块上生有4枚红褐色的硬刺；聚伞花序，花黄色；花期春季。

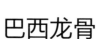

巴西龙骨

别 名	龙骨柱
科 属	大戟科大戟属
产 地	巴西

☀ 光照：喜充足的光照

🥄 施肥：每半个月左右施薄肥一次

🌡 温度：生长适温为15℃~25℃左右

💧 浇水：不干不浇，浇则浇透

特征简介 巴西龙骨是多年生肉质植物，有"万能砧木"之称。植株大型，高达5米，多分枝；茎干为三棱柱状，质地坚硬，深绿色或蓝绿色，棱边为锯齿状，齿端有褐色短刺，叶早脱落或无叶；花顶生于茎干上，4~9朵，白色，昼开夜闭；花后结出蓝紫色的圆形小浆果，可食。

巴西龙骨锦

别 名	龙骨柱锦
科 属	大戟科大戟属
产 地	巴西

☀ 光照：喜充足的光照

🌰 施肥：生长期每月施肥一次

🌡 温度：不耐寒

💧 浇水：耐干旱，忌积水

特征简介 巴西龙骨锦是多年生肉质植物，是巴西龙骨的斑锦品种。植株大型，多分枝，茎干为三棱柱状，质地坚硬，浅绿色或黄绿色，棱面生出半圆形鳞片，鳞片顶端有褐色短刺，叶早脱落或无叶；花白色，盆栽不易开花。

大戟阁

别 名	无
科 属	大戟科大戟属
产 地	南非

☀ 光照：喜光照

🌰 施肥：每月施有机肥一次

🌡 温度：生长适温为15℃~25℃

💧 浇水：每月浇水一次

特征简介 大戟阁是多年生肉质植物。植株大型，呈乔木状，最高可达10米；多分枝，皆向上生长，茎部直径可达15厘米，

棱状，一般有4~5个棱，棱的脊背凸出，呈波浪形，有刺，棱脊上长有管维束，外形深绿色；聚伞花序，花杯状，淡绿色；花期秋冬季。

多肉简介

景天科

番杏科

百合科

大戟科

龙舌兰科

仙人掌科

其他科

大戟阁锦

别 名	无
科 属	大戟科大戟属
产 地	南非

☀ 光照：喜光照

🍃 施肥：每月施有机肥一次

🌡 温度：生长适温为15℃~25℃

💧 浇水：每月浇水一次

特征简介 大戟阁锦是多年生肉质植物，是大戟阁的斑锦品种。植株大型，呈乔木状，最高可达10米；多分枝，皆向上生长，茎部直径可达15厘米，棱状，一般有4~5个棱，棱的脊背凸出，呈波浪形，有刺，棱脊上长有管维束，外形深绿色，有黄色斑或整体呈黄色；聚伞花序，花杯状，淡绿色；花期秋冬季。

斑锦柱

别 名	恋岳阁、般锦柱
科 属	大戟科大戟属
产 地	非洲埃塞俄比亚

☀ 光照：喜充足的光照

🍃 施肥：生长期每月施肥一次

🌡 温度：不耐寒

💧 浇水：耐干旱，忌积水

特征简介 斑锦柱是多年生肉质植物。植株大型，高达3米，单生，多分枝；枝干为四棱柱状或十字柱状，肉质，多节，棱面嫩绿色，有整齐的横向褶皱，棱边为红色，生有短刺；叶早脱落或无叶。

苏铁大戟

别 名	甲丸
科 属	大戟科大戟属
产 地	南非

☀ 光照：喜充足的光照

🥄 施肥：每月施薄肥一次

🌡 温度：不耐寒，生长适温为10℃~25℃

💧 浇水：耐干旱，忌阴湿

特征简介 苏铁大戟是多年生肉质草本植物。植株中型，株高20厘米左右，茎干初期为球形，绿色，渐长成圆筒状，黑褐色；表面生有圆锥形的瘤状凸起，呈螺旋状排列，疣突腋间生有白色绒毛，叶片早脱落；花小，红色，绕顶部一圈盛开。

苏铁大戟变异

别 名	铁甲丸变异
科 属	大戟科大戟属
产 地	南非

☀ 光照：喜充足的光照

🥄 施肥：每月施薄肥一次

🌡 温度：不耐寒，生长适温为10℃~25℃

💧 浇水：耐干旱，忌阴湿

特征简介 苏铁大戟变异是多年生肉质草本植物，是苏铁大戟的变异品种。植株中型，株高可达20厘米左右，茎干初期为球形，绿色，渐长成圆筒状，黑褐色；表面生有圆锥形的瘤状凸起，呈螺旋状排列；叶片生于顶端，绿色，长条披针形；花小，红色，绕顶部一圈盛开。

多肉简介

景天科

番杏科

百合科

大戟科

龙舌兰科

仙人掌科

其他科

峨眉之峰

别 名	峨眉山
科 属	大戟科大戟属
产 地	南非

☀ 光照：喜充足的光照

🥄 施肥：每半个月左右施薄肥一次

🌡 温度：最低生长温度为10℃

💧 浇水：生长期浇水要见干见湿

特征简介 峨眉之峰是多年生肉质植物，是玉麟凤和苏铁大戟的杂交品种。植株群生，低矮，株高10~15厘米，株幅16~20厘米；茎干短粗，长3~4厘米，粗2~3厘米，褐绿色，呈陀螺状，表面生有稀疏的乳头状凸起；叶片为汤匙形，轮状互生，嫩绿色；花绿色至红色；花期春末。

彩云阁

别 名	龙骨柱、三角大戟、三角霸王鞭
科 属	大戟科大戟属
产 地	非洲南部

☀ 光照：喜光照，耐半阴

🥄 施肥：每15天施腐熟的稀薄液肥一次

🌡 温度：喜温暖，最低生长温度为5℃

💧 浇水：生长期充分浇水

特征简介 彩云阁是灌木状肉质植物。植株中型，多分枝，主干较短，分枝绕主干轮生，肉质，垂直向上生长，有3~4个棱，长15~40厘米，棱缘为波浪形，有短小硬齿，先端有一对刺，红褐色，长0.3~0.4厘米；茎干表皮绿色，有不规则的晕纹，黄白色；叶片长卵圆形，绿色，生于分枝上部的棱上；聚伞花序，杯状，黄绿色；花期夏季。

红彩云阁

别 名	红龙骨
科 属	大戟科大戟属
产 地	非洲南部、纳米比亚

☀ 光照：喜充足的光照

🖌 施肥：每月施薄肥一次

🌡 温度：最低生长温度为5℃

💧 浇水：生长期充分浇水

特征简介 红彩云阁是灌木状肉质植物，是彩云阁的变异品种，外形与彩云阁相似。植株中型，多分枝，主干较短，分枝绕主干轮生，肉质，垂直向上生长，有3~4个棱，长15~40厘米，棱缘为波浪形，有短小硬齿，先端有一对刺，红褐色，长0.3~0.4厘米；茎干表皮暗紫红色，有不规则的晕纹，白色；叶片长卵圆形，紫红色，生于分枝上部的棱上；聚伞花序，杯状，黄绿色；花期夏季。

白桦麒麟

别 名	玉鳞凤锦
科 属	大戟科大戟属
产 地	南非

☀ 光照：喜充足的光照

🖌 施肥：每月施薄肥一次

🌡 温度：生长适温为10℃~25℃

💧 浇水：生长期充分浇水

特征简介 白桦麒麟是多年生肉质草本植物，是玉鳞凤的斑锦品种。植株中小型，株高和株幅均为20厘米左右；主干短，基部多分枝，肉质，呈群生状，有6~8条棱，棱上有六角状瘤突，白色；叶片早落；聚伞花序，花杯状，红褐色，花谢后花梗残留在茎上，似短刺，淡黄色；花期秋冬季。

多肉简介
景天科
番杏科
百合科
大戟科
龙舌兰科
仙人掌科
其他科

贝信麒麟

别 名	幸福麒麟
科 属	大戟科大戟属
产 地	南非

☀ 光照：喜光照，耐半阴

🥄 施肥：每月施薄肥一次

🌡 温度：生长适温为15℃~25℃

💧 浇水：生长期保持盆土稍湿润

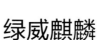

特征简介 贝信麒麟是多年生肉质植物。植株中型，茎高可达2米，呈圆柱状，肉质，分枝粗3厘米左右，表皮灰白色，上面有明显的乳状疣突，叶片簇生于疣突顶端，肉质，长倒卵形，深绿色；聚伞花序，杯状，花黄色；花期冬季。

绿威麒麟

别 名	绿威大戟
科 属	大戟科大戟属
产 地	坦桑尼亚

☀ 光照：喜充足的光照

🥄 施肥：每月施薄肥一次

🌡 温度：最低生长温度为10℃

💧 浇水：耐干旱，生长期适量浇水

特征简介 绿威麒麟是灌木状多年生肉质植物。株幅40厘米左右，株高30厘米左右；茎为四棱状，长且细，表皮呈蓝绿色；棱缘呈波浪形，棱沟有不规则的黄绿色晕纹，棱上刺座凸出，短刺簇生，黑褐色，4~5枚；花杯状，黄白色；花期夏季。

狗奴子麒麟

别 名	无
科 属	大戟科大戟属
产 地	非洲

☀ 光照：喜充足的光照

🖌 施肥：每月施肥一次

🌡 温度：生长适温为10℃~25℃

💧 浇水：生长期适量浇水

特征简介 狗奴子麒麟是灌木状多年生肉质植物。根部为块状，宽约5厘米；茎细长，褐色，薯状，群生；茎呈四棱形，顶端生有较多分枝，灰绿色，分枝肉质，较弯曲；棱沟有不规则的绿白色晕纹，棱缘刺座凸出，生有褐色针刺，刺座顶端开黄色小花。

螺旋麒麟

别 名	无
科 属	大戟科大戟属
产 地	非洲南部

☀ 光照：喜光照，耐半阴

🖌 施肥：每月施有机肥一次

🌡 温度：最低生长温度为10℃

💧 浇水：干透浇透

特征简介 螺旋麒麟是多年生灌木状肉质植物。植株无叶，茎细长，呈圆柱状，肉质，三棱状，呈顺时针方向或逆时针方向螺旋状生长；茎表面呈绿色，有不规则的淡黄白色晕纹；棱缘呈波浪形，上有尖锐小刺，对生，新刺红褐色，老刺黄褐色至灰白色；茎的顶部或上部生黄色小花。

多肉简介

景天科

番杏科

百合科

大戟科

龙舌兰科

仙人掌科

其他科

麒麟掌

别 名	玉麒麟、麒麟角
科 属	大戟科大戟属
产 地	印度东部

☀ 光照：喜光照，忌烈日暴晒

🥄 施肥：生长期每月施腐熟的矾肥水一次

🌡 温度：生长适温为22℃~28℃

💧 浇水：耐干旱，宁干勿湿

特征简介 麒麟掌是霸王鞭的缀化品种，是多年生肉质植物。植株中型，姿态优雅；茎肉质，呈不规则的扁平扇形、鸡冠状或掌状扇形，表面生有稀疏的小疣突，疣突顶端为白色；叶肉质，生于茎顶端及边缘，簇生；植株幼时呈绿色，老时变木质化并呈黄褐色。

皱叶麒麟

别 名	狄氏大戟
科 属	大戟科大戟属
产 地	马达加斯加

☀ 光照：喜光照，夏季适当遮阴

🥄 施肥：生长期每月施肥一次

🌡 温度：最低生长温度为10℃

💧 浇水：耐干旱，生长期多浇水，冬季少浇水

特征简介 皱叶麒麟是多年生肉质植物。植株低矮，幼苗直立，成株呈匍匐状；茎部细而短小，表面为深褐色，有褶皱，粗糙；叶片为椭圆形，深绿色，叶缘有褶皱；聚伞花序，杯状，黄绿色；花期秋冬季。

阎魔麒麟

别 名	无
科 属	大戟科大戟属
产 地	南非开普省

☀ 光照：喜光照，夏季适当遮阴

🖐 施肥：生长期每月施肥一次

🌡 温度：生长适温为20℃~30℃

💧 浇水：干透浇透

特征简介 阎魔麒麟是多年生肉质植物，造型特殊。植株底端生长一个粗大的木质化块茎，块茎上生出绿色的圆柱形枝条，呈伞形发散；枝条上有零星的白色点状凸起；花开黄色，生长在枝条顶端；花期秋季。

泊松麒麟

别 名	无
科 属	大戟科大戟属
产 地	未知

☀ 光照：喜光照，夏季适当遮阴

🖐 施肥：生长期每月施肥一次

🌡 温度：生长适温为20℃~30℃

💧 浇水：耐干旱，生长期多浇水，冬季少浇水

特征简介 泊松麒麟是多年生肉质植物。植株中型，直立生长，有分枝；茎细圆柱状，表面为乳白色，密布囊肿形疣突，疣突中间内凹；叶片为椭圆形或长卵形，深绿色，簇生于茎顶，有浅色的中脉和细纹叶。

多肉简介
景天科
番杏科
百合科
大戟科
龙舌兰科
仙人掌科
其他科

红刺麒麟

别 名	无
科 属	大戟科大戟属
产 地	未知

☀ 光照：喜光照，夏季适当遮阴

🖐 施肥：生长期每月施肥一次

🌡 温度：生长适温为20℃~30℃

💧 浇水：生长期每月浇水一次

特征简介　红刺麒麟是多年生肉质植物。植株多分枝，直立生长；茎肉质肥厚，棱柱状，有浅棱8~10道，棱上有细小的横向褶皱；茎表面为深绿色，生有稀疏长刺，尖而硬，红褐色，顶部长刺为黑褐色；无叶或叶早脱落。

白角麒麟

别 名	无
科 属	大戟科大戟属
产 地	未知

☀ 光照：喜充足的光照

🖐 施肥：每半个月左右施薄肥一次

🌡 温度：生长适温为15℃~25℃左右

💧 浇水：不干不浇，浇则浇透

特征简介　白角麒麟是多年生肉质植物。植株小型，群生，直立生长；茎肉质肥厚，棱柱状，有深棱4道，表面为深绿色；棱上生有稀疏刺座，刺座生有浅色短刺及白色绒毛状短刺，顶部生有白色或黄色绒毛短刺。

银角珊瑚

别 名	银角麒麟
科 属	大戟科大戟属
产 地	马达加斯加

☀ 光照：喜光照，夏季适当遮阴

🖐 施肥：生长期每月施肥一次

🌡 温度：最低生长温度为10℃

💧 浇水：生长期每周浇水一次，冬季每
　　　　月浇水一次

特征简介 银角珊瑚是多年生灌木状肉质植物。株高可达1~1.2米，株幅可达30~50厘米；主干直立，分枝很多，深绿色；叶稀疏，为圆锥刺状，绿色带银色斑纹，质地坚硬；花黄绿色；花期夏季。

虎刺梅

别 名	麒麟刺、铁海棠
科 属	大戟科大戟属
产 地	非洲

☀ 光照：喜光照，耐阴

🖐 施肥：每年春季施薄肥2~3次

🌡 温度：最低生长温度为0℃

💧 浇水：耐干旱，浇水不宜多

特征简介 虎刺梅是灌木状多年生肉质植物。茎长60~100厘米，分枝多，细长，呈圆柱状，有竖棱，棱背上密生硬而尖的锥状刺，褐色，呈旋转状，刺长1厘米；叶互生，倒卵形或长圆状匙形，先端圆，基部渐狭，集中于嫩枝上，深绿色；花苞片小，杯状，对称，黄色或红色；花期全年。

多肉简介
景天科
番杏科
百合科
大戟科
龙舌兰科
仙人掌科
其他科

小基督虎刺梅

别 名	无
科 属	大戟科大戟属
产 地	非洲

☀ 光照：喜光照，夏季高温适当遮阴

🥄 施肥：每月施肥一次

🌡 温度：生长适温为20℃~25℃

💧 浇水：生长期充分浇水

特征简介 小基督虎刺梅是灌木状多年生肉质植物，是虎刺梅的栽培品种。植株小型，比虎刺梅要小；茎呈圆柱状，细长，分枝多，有竖棱，棱背上密生硬而尖的锥状刺，褐色，呈旋转状；叶互生，倒卵形或长圆状匙形，先端圆，基部渐狭，集中于嫩枝上，深绿色；花杯状，苞片小，广卵形，对称，黄色；花期春季至夏季。

大花虎刺梅

别 名	皇帝梅
科 属	大戟科大戟属
产 地	非洲

☀ 光照：喜光照，盛夏适当遮阴

🥄 施肥：每20天施肥一次

🌡 温度：最低生长温度为10℃

💧 浇水：生长期充分浇水

特征简介 大花虎刺梅是灌木状多年生肉质植物，是虎刺梅的大花品种。茎圆柱状，较粗，有韧性，有分枝；茎上有棱沟线，着生淡褐色锐刺；叶片深绿色，较大，不易脱落；聚伞花序生于枝顶，排成二歧状复聚伞花序，有长柄；花由绿变红，苞片较大，肾形或阔卵形；花期春季至夏季。

魁伟玉

别 名	恐针麒麟
科 属	大戟科大戟属
产 地	南非

☀ 光照：喜光照，夏季高温适当遮阴

🌱 施肥：每月施肥一次

🌡 温度：生长适温为18℃~25℃

💧 浇水：生长期保持盆土稍湿润

特征简介 魁伟玉是多年生肉质植物。植株叶早脱落，易群生；幼时球形，成熟后茎呈圆筒形，肉质，绿色，被有白粉，有10~16道棱，横向有较为明显且平行排列的深色肋纹，棱缘上生有深褐色或红褐色硬刺，易脱落；聚伞花序，花紫红色，盆栽条件下不易开花；花期秋季。

白衣魁伟玉

别 名	无
科 属	大戟科大戟属
产 地	南非

☀ 光照：喜光照，夏季高温适当遮阴

🌱 施肥：每月施肥一次

🌡 温度：生长适温为18℃~25℃

💧 浇水：生长期保持盆土稍湿润

特征简介 白衣魁伟玉是多年生肉质植物，是魁伟玉的变异品种。植株叶早脱落，易群生；幼时球形，成熟后茎呈圆筒形，肉质，灰白色，被有白粉，有10~16道棱，横向有较为明显且平行排列的深色肋纹，棱缘上生有深褐色硬刺，易脱落；聚伞花序，花紫红色，盆栽条件下不易开花；花期秋季。

琉璃晃

别 名	琉璃光
科 属	大戟科大戟属
产 地	南非

☀ 光照：喜充足的光照

🥄 施肥：生长期每月施肥一次

🌡 温度：生长适温为15℃~25℃

🫖 浇水：生长期每10天左右浇水一次

特征简介 琉璃晃是多年生肉质植物。植株小型，茎肉质，长圆筒形，深绿色，易生出小芽，常群生；茎有12~20条纵向锥状疣突排列形成的棱，叶片着生于疣突的顶端，伞形，有五棱，细小，脱落早；花生于顶端，位置在棱角的软刺之间，聚伞花序，花黄绿色，杯状；花期夏季。

光棍树

别 名	绿珊瑚、绿玉树
科 属	大戟科大戟属
产 地	非洲和地中海沿岸

☀ 光照：喜充足的光照

🥄 施肥：生长期每周施液肥一次

🌡 温度：生长适温为25℃~30℃

🫖 浇水：春季至秋季可以每两天浇水一次

特征简介 光棍树是灌木状多年生肉质植物。植株大型，高2~9米；主干呈圆柱状，绿色，多分枝，分枝为铅笔粗细的圆柱状肉质枝条，轮生或对生；叶片呈细小线形，互生，为减少水分蒸发，一般脱落早，故常为无叶状态；聚伞花序，杯状，生于枝顶或节上，总苞呈陀螺状，有短的总花梗，花开五瓣，苞片细小，花黄白色；花期夏季。

蛮烛台

别 名	华烛麒麟
科 属	大戟科大戟属
产 地	南非

☀ 光照：喜充足的光照

🌡 施肥：生长期每月施肥一次

🌡 温度：生长适温为10℃~25℃

💧 浇水：生长期每周浇水一次

特征简介 蛮烛台是乔木状多年生肉质植物。植株大型，高10~20米，株幅2~3米；茎呈柱状，肉质，多分枝，四角形或五角形，中绿色至深绿色，并形成不规则的角冠茎，长约15厘米，烛台或宝塔状；棱缘有较深的齿状背脊，生有一对白刺和小叶；花较小，紫红色；花期春季。

春峰

别 名	无
科 属	大戟科大戟属
产 地	斯里兰卡

☀ 光照：喜光照，盛夏适当遮阴

🌡 施肥：生长期每20天施肥一次

🌡 温度：生长适温为10℃~25℃

💧 浇水：生长期保持盆土稍湿润

特征简介 春峰是多年生肉质植物，肉质茎像鸡冠一样扭曲生长，是帝锦的斑锦或缀化品种，有明显的彩纹。花色多样，有些种类在栽培的过程中容易发生变异或出现返祖现象，鸡冠茎长成柱状；花期夏季。

多肉简介

景天科

番杏科

百合科

大戟科

龙舌兰科

仙人掌科

其他科

春峰之辉

别 名	彩春峰、春峰锦
科 属	大戟科大戟属
产 地	印度、斯里兰卡

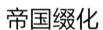

☀ 光照：喜光照，盛夏适当遮阴

🥄 施肥：生长期每月施肥一次

🌡 温度：生长适温为10℃~25℃

🫖 浇水：生长期保持盆土稍湿润

特征简介 春峰之辉是多年生肉质植物，是春峰的斑锦变异品种。株高和株幅均为10~15厘米；茎肉质，横向伸展，扁化成较薄的扇形或鸡冠状，栽培中经常发生色彩的变异，有乳白色、暗紫红色、淡黄色等，还有红色斑纹和镶边；茎表面有龙骨凸起，生长点红褐色；很少开花。

帝国缀化

别 名	金麒麟
科 属	大戟科大戟属
产 地	非洲南部

☀ 光照：喜光照，盛夏适当遮阴

🥄 施肥：生长期每半个月施肥一次

🌡 温度：生长适温为10℃~25℃

🫖 浇水：生长期保持盆土稍湿润

特征简介 帝国缀化是多年生肉质植物，是帝国的缀化变异品种。植株表面有凸起的龙骨，呈扇形；茎肉质，非直立，扭曲盘旋，好似一座层峦叠翠的山峰；茎表皮深绿色，叶小，绿色，早脱落，好似植株无叶；茎上生有黑褐色的短刺。

布纹球

别　名	奥贝莎、晃玉
科　属	大戟科大戟属
产　地	南非

☀ 光照：喜光照，夏季适当遮阴

🥄 施肥：生长期每半个月左右施肥一次

🌡 温度：最低生长温度为5℃

💧 浇水：适当浇水，夏冬季保持干燥

特征简介　布纹球是多年生肉质植物。植株小型，呈圆球形，球体略扁圆，直径8~12厘米，有十分整齐的8道棱；整体绿色，表皮中有交叉的红褐色条纹，如布纹一般，顶部条纹较密；棱缘上有小钝齿，褐色；布纹球为雌雄异株植物，花生于球体顶部棱缘上，极小，黄绿色。

玉麟宝

别　名	松球麒麟
科　属	大戟科大戟属
产　地	南非

☀ 光照：喜半阴

🥄 施肥：生长期每月施肥一次

🌡 温度：生长适温为10℃~25℃

💧 浇水：适当浇水，冬季保持干燥

特征简介　玉麟宝是多年生肉质植物。植株小型，株高和株幅均可达15厘米，块根一般埋藏在地下；茎有球状也有长球状，形状不一，表皮绿色至灰色；茎的关节上生出细长的枝条，肉质，嫩绿色；叶片绿色，较小，易脱落，脱落后会在茎上留下微小的白色点痕；聚伞花序，杯状，花淡黄色；花期秋季。

鬼凄阁

别 名	无
科 属	大戟科大戟属
产 地	马达加斯加北部

☀ 光照：喜强光

🪣 施肥：每月施肥一次

🌡 温度：最低生长温度为5℃左右

🫗 浇水：耐干旱，忌阴湿，冬季断水休眠

特征简介 鬼凄阁是多年生肉质植物。株高70厘米，直径4厘米；植株底端为大块的木质块茎，灰白色；茎部上端有细小白刺，十分密集；茎部顶端生长叶片，卵形，鲜绿色；花淡黄色；花期夏季。

将军阁

别 名	里氏翡翠塔
科 属	大戟科翡翠塔属
产 地	东非、肯尼亚

☀ 光照：喜光照，耐半阴

🪣 施肥：每月施复合肥一次

🌡 温度：最低生长温度为5℃

🫗 浇水：干透浇透，忌积水

特征简介 将军阁是多年生肉质植物。植株低矮，块根呈球状，常有一半露出土面，表皮灰白色，基部多分枝；茎肉质，初呈圆球状，成熟后为圆柱状，表皮深绿色或浅绿色，布满菱形的瘤状凸起，有线状凹纹；叶片肉质，呈卵圆形，绿色，边缘稍有波状起伏，生于瘤突顶端，轮生，常早脱落，脱落后留下白色点痕；伞状花序，总苞黄绿色，花淡粉红色；花期夏季。

膨珊瑚缀化

别 名	无
科 属	大戟科大戟属
产 地	非洲南部

☀ 光照：喜光照，夏季适当遮阴

🖐 施肥：生长期每月施肥一次

🌡 温度：生长适温为15℃~25℃，冬季不低于10℃

🫖 浇水：生长期浇水干透浇透，冬季保持盆土干燥

特征简介 膨珊瑚缀化是灌木状肉质植物，是膨珊瑚的变异品种。植株高2~9米，主干很短，绿色，颜色透亮，多分枝，有圆柱铅笔形的肉质枝条，也有扇形的茎块；聚伞花序，苞片杯状，生于枝顶或节上，有短的总花梗，花黄白色，细小；花期夏季。

贵青玉

别 名	无
科 属	大戟科大戟属
产 地	南非开普省

☀ 光照：喜光照，夏季适当遮阴

🖐 施肥：每月施肥一次

🌡 温度：最低生长温度为5℃左右

🫖 浇水：生长期干透浇水，冬季断水休眠

特征简介 贵青玉是多年生肉质植物。植株为小球型，造型美观，大多为单生；根部形似胡萝卜，有肉质感；球体呈绿色或灰绿色，有灰白色和绿色交错的条纹；球体有8条棱，棱脊上有褐色小齿和圆叶痕；花杆较高，簇生，花开黄色。

多肉简介
景天科
番杏科
百合科
大戟科
龙舌兰科
仙人掌科
其他科

蜈蚣珊瑚

别　名	龙凤木、青龙
科　属	大戟科红雀珊瑚属
产　地	美洲热带、亚热带地区

☀ 光照：喜光照，耐半阴

🥄 施肥：每半个月施复合肥一次

🌡 温度：生长适温为23℃~30℃

🫖 浇水：春夏季多浇水，冬季控制浇水

特征简介　蜈蚣珊瑚是多年生肉质植物。株高近半米，群生；茎直立，肉质，呈细圆棒状，表皮翠绿色，密被鳞片，多分枝；叶片狭长，椭圆形，无柄，生于疣突顶端，对生，整齐排列成两列，形似蜈蚣；花小，粉红色；花期冬季。

红雀珊瑚

别　名	红雀掌、扭曲草
科　属	大戟科红雀珊瑚属
产　地	西印度群岛

☀ 光照：喜光照，耐半阴

🥄 施肥：每月施复合肥一次

🌡 温度：最低生长温度为13℃

🫖 浇水：干透浇透，忌积水

特征简介　红雀珊瑚是常绿灌木状肉质植物。植株高大，可达3~4米，整体形似珊瑚；茎干绿色，肉质，常弯曲生长呈有规律的"之"字形，内含白色乳汁，有毒；叶片绿色，互生，冬季会变白色；叶片革质，卵状或长椭圆形，先端渐尖；叶面常凹凸扭曲，中脉凸出，下有龙骨状脊背；聚伞花序，杯状，顶生，总苞鲜红色，花紫色或红色；花期夏季。

龙舌兰科植物大约有20个属，多数为多年生肉质植物，生长于热带或亚热带地区。植株形态不一，有高大型的，也有小型的，龙舌兰科植株成熟后会生长出很大的花序，有一大部分植株一生只开一次花，但开花的过程很长，大约一两年左右，当花朵盛开后植株就会逐渐枯死。龙舌兰科植物一般有肥厚的叶子，有些叶片中含有丰富的纤维。

Part 6
龙舌兰科

丝兰

别　名	软叶丝兰、毛边丝兰、洋萝
科　属	龙舌兰科丝兰属
产　地	北美

☀ 光照：喜光照，稍耐半阴

🥄 施肥：生长期每月施肥一次

🌡 温度：极耐寒

🪣 浇水：抗旱能力强，浇水不宜过多

特征简介　丝兰是多年生常绿灌木。叶长25~60厘米，宽2.5~3厘米，顶端有硬刺，叶缘有弯曲短刺；叶片为剑形或长条状披针形，整体呈莲座状，深绿色；茎部可分叉，一般很短，原产地的丝兰可达2米高；花葶高大而粗壮，圆锥花序，杯状，下垂，白色或乳白色；花期夏秋季。

凤尾兰

别　名	菠萝花、厚叶丝兰、凤尾丝兰
科　属	龙舌兰科丝兰属
产　地	北美东部和东南部

☀ 光照：喜光照，稍耐半阴

🥄 施肥：生长期每月施肥一次

🌡 温度：极耐寒

🪣 浇水：抗旱能力强，浇水不宜过多

特征简介　凤尾兰是多年生常绿灌木。茎短，叶片为剑形或披针形，表面有蜡质层，叶尖端无硬刺，叶缘略呈棕红色，光滑无刺；叶片光滑而扁平，粉绿色，叶长40~70厘米，宽3~6厘米，基部簇生，呈放射状展开；花梗粗壮而直立，高1米多，乳白色，下垂，长圆状卵圆形；花期秋季。

长叶稠丝兰

别　名 | 墨西哥草树

科　属 | 龙舌兰科稠丝兰属

产　地 | 墨西哥北部的沙漠地带

☀ 光照：喜光照，稍耐半阴

🥄 施肥：每月施肥一次

🌡 温度：喜温暖，不耐寒

💧 浇水：不干不浇，浇则浇透

特征简介　长叶稠丝兰是多年生肉质植物。植株大型，茎部单生，粗壮，高可达1~2米；叶片长而狭窄，呈丝状，深绿色，长可达2米，簇生于顶端；叶尖不分裂，叶截面为方棱形；松散的圆锥花序，小花白色；花期夏季。

顶毛稠丝兰

别　名 | 沙漠匙子

科　属 | 龙舌兰科稠丝兰属

产　地 | 墨西哥北部和中部的沙漠地带

☀ 光照：喜光照，稍耐半阴

🥄 施肥：每月施肥一次

🌡 温度：喜温暖，不耐寒

💧 浇水：不干不浇，浇则浇透

特征简介　顶毛稠丝兰是多年生肉质植物。植株大型，茎部单生，不超过1米；叶片狭长，呈线状，长可达1米，宽1厘米，先端分裂成20~30根纤维；叶片对称，簇生，呈花环状，直径可达1.8米；花穗高可达2~5米，小花，白色；花期夏季。

多肉简介

景天科

番杏科

百合科

大戟科

龙舌兰科

仙人掌科

其他科

吉祥天

别 名	红刺、吉祥冠
科 属	龙舌兰科龙舌兰属
产 地	美洲热带

☀ 光照：喜充足的光照

🪶 施肥：生长期每月施肥一次

🌡 温度：生长适温为10℃~25℃

💧 浇水：生长期充分浇水

特征简介　吉祥天是多年生肉质植物。植株中小型，株高15~20厘米，株幅15厘米左右；叶片基生，叶质坚硬，广卵形，先端三角形，长而宽，肉质，稍薄，呈莲座状排列；叶色为淡绿色，叶缘有稀疏的红褐色短刺，叶尖有一枚红褐色长刺；总状花序，花淡黄色；花期夏季。

吉祥天锦

别 名	吉祥冠锦
科 属	龙舌兰科龙舌兰属
产 地	美洲热带

☀ 光照：喜光照，日照要充足

🪶 施肥：生长期每月施肥一次

🌡 温度：生长适温为10℃~25℃

💧 浇水：生长期充分浇水

特征简介　吉祥天锦是多年生肉质植物，是吉祥天的斑锦品种。株高10~15厘米，株幅20~30厘米；叶片为倒广卵形，顶部较尖，叶长约8厘米，宽约4厘米，叶缘有黑色短齿，叶尖有硬刺；叶面青绿色，中间有浅绿色条纹；总状花序，花淡黄色；花期夏季。

雷神

别 名	怒雷神、棱叶龙舌兰
科 属	龙舌兰科龙舌兰属
产 地	墨西哥

☀ 光照：喜光照，忌高温暴晒

🖌 施肥：生长期每月施腐熟肥一次

🌡 温度：生长适温为15℃~25℃

💧 浇水：生长期保持盆土稍湿润

特征简介 雷神是多年生肉质植物。植株中小型，株高20厘米左右；叶片肉质肥厚，倒卵状匙形，长20厘米左右，宽8厘米左右，基部窄而厚，先端三角形，呈莲座状排列；叶灰绿色，叶缘有稀疏肉刺，叶尖有细长的红褐色硬刺；总状花序，长数米，花黄绿色；花期夏季。

雷神锦

别 名	怒雷神锦
科 属	龙舌兰科龙舌兰属
产 地	墨西哥

☀ 光照：喜光照，夏季适当遮阴

🖌 施肥：生长期每月施腐熟肥一次

🌡 温度：生长适温为18℃~25℃

💧 浇水：生长期保持盆土稍湿润

特征简介 雷神锦是多年生肉质植物，是雷神的斑锦品种。植株中小型，株高20厘米左右；叶片肉质肥厚，倒卵状匙形，长20厘米左右，宽8厘米左右，基部窄而厚，先端三角形，呈莲座状排列；叶灰白色，中间有深绿色条纹，叶缘有稀疏肉刺，叶尖有细长的红褐色硬刺；总状花序，长数米，花黄绿色；花期夏季。

多肉简介

景天科

番杏科

百合科

大戟科

龙舌兰科

仙人掌科

其他科

王妃雷神

别 名	姬雷神
科 属	龙舌兰科龙舌兰属
产 地	墨西哥中南部

☀ 光照：喜充足的光照

🥄 施肥：生长期每月施腐熟肥一次

🌡 温度：生长适温为10℃~25℃

💧 浇水：夏季多浇水，冬季少浇水

特征简介 王妃雷神是多年生肉质植物。植株小型，低矮，株高7厘米左右，无茎；叶片肉质肥厚，质软，短匙形或倒卵状，宽而短，呈蟹壳状，叶片两侧向中间折叠，叶背拱起；叶色为青灰绿色，被有白粉；叶缘有稀疏肉齿，齿端生有红褐色短刺，叶尖有一枚红褐色中刺；总状花序，花黄绿色；花期夏季。

王妃雷神白中斑

别 名	无
科 属	龙舌兰科龙舌兰属
产 地	墨西哥

☀ 光照：喜充足的光照

🥄 施肥：生长期每月施腐熟肥一次

🌡 温度：生长适温为10℃~25℃

💧 浇水：夏季多浇水，冬季少浇水

特征简介 王妃雷神白中斑是多年生肉质植物，是雷神的小型斑锦变种。植株矮小，易群生，无茎，单头密集丛生呈莲座状；叶肉质，叶片宽而短，匙形或五角星形，呈蟹壳状，绿色，中间为白色斑块，被有白粉；叶缘有稀疏肉齿，齿端生有红褐色短刺，叶顶端有一枚短刺；总状花序，花黄绿色；花期夏季。

龙舌兰

别 名	番麻、龙舌掌
科 属	龙舌兰科龙舌兰属
产 地	墨西哥

☀ 光照：喜充足的光照

🥄 施肥：生长期每月施肥一次

🌡 温度：生长适温为15℃~25℃

💧 浇水：生长期充分浇水

特征简介 龙舌兰是多年生肉质草本植物。植株大型，四季常绿；叶片肉质，披针形或剑形，长1~2米，中部宽20厘米左右，基部宽12厘米左右，通常有40枚左右的叶片，呈莲座状排列；叶缘有稀疏肉刺，顶端有一枚长2厘米的暗褐色硬刺；圆锥花序，大型，高10米左右，多分枝，花黄绿色；花期5~6月。

金边龙舌兰

别 名	金边假菠萝、金边莲
科 属	龙舌兰科龙舌兰属
产 地	美洲的沙漠地带

☀ 光照：喜充足的光照

🥄 施肥：生长期每月施腐熟肥一次

🌡 温度：生长适温为10℃~25℃

💧 浇水：夏季多浇水，冬季少浇水

特征简介 金边龙舌兰是多年生肉质草本植物。植株大型，四季常青，茎短；叶片披针形或剑形，肉质，挺拔，长1米左右，呈莲座状排列；叶片平滑，绿色，叶缘有黄白色条带，有红褐色锯齿；花肉质，黄绿色；花期夏季。

多肉简介

景天科

番杏科

百合科

大戟科

龙舌兰科

仙人掌科

其他科

狐尾龙舌兰

别 名	无刺龙舌兰
科 属	龙舌兰科龙舌兰属
产 地	墨西哥

☀ 光照：喜充足的光照

🍳 施肥：生长期每月施腐熟肥一次

🌡 温度：生长适温为10℃~25℃

🫖 浇水：夏季多浇水，冬季少浇水

特征简介 狐尾龙舌兰是多年生常绿植物。植株大型，株高可达1米，茎干短而粗壮；叶片长卵形，长80厘米左右，宽20厘米左右，簇生于茎上，呈莲座状排列；叶端为狭长尖形，叶色翠绿色，被有白粉；穗状花序，形如狐尾，花茎高大，长达3~7米，花黄绿色；花期夏季。

泷之白丝

别 名	无
科 属	龙舌兰科龙舌兰属
产 地	美洲热带地区

☀ 光照：喜充足的光照

🍳 施肥：每月施腐熟的稀薄液肥一次

🌡 温度：喜温暖，冬季温度不低于5℃

🫖 浇水：不干不浇，浇则浇透

特征简介 泷之白丝是多年生肉质植物。植株中型，叶子近线形或剑形，基部宽厚，上部细长，质地硬，肉质，呈放射状生长，稍弯曲；叶面上有少许白色线条，叶尖有一个硬刺，长约1厘米；叶色浓绿色，表面光滑，有角质层，生有稀疏细长而卷曲的白色纤维；花红褐色，小花；花期夏季。

笹之雪

别 名	厚叶龙舌兰、女王龙舌兰、鬼脚掌
科 属	龙舌兰科龙舌兰属
产 地	墨西哥

☀ 光照：喜充足的光照

🖐 施肥：每月施腐熟的稀薄液肥三次

🌡 温度：生长适温为15℃~25℃

💧 浇水：不干不浇，浇则浇透

特征简介 笹之雪是多年生肉质草本植物。植株中型，株高可达40厘米，无茎；叶片肉质，三角锥形，轮生，长15厘米左右，宽5厘米左右，呈莲座状排列；叶片绿色，有不规则的白色条纹；叶顶有黑硬刺，叶背及叶缘的龙骨突上均有白色角质；穗状花序，高达4米，花淡绿色；笹之雪生长30年才能开花且一生只开一次。

小型笹之雪

别 名	小型鬼脚掌
科 属	龙舌兰科龙舌兰属
产 地	墨西哥

☀ 光照：喜充足的光照

🖐 施肥：每月施腐熟的稀薄液肥三次

🌡 温度：生长适温为15℃~25℃

💧 浇水：不干不浇，浇则浇透

特征简介 小型笹之雪是多年生肉质草本植物，是笹之雪的栽培变种。植株小型，株高8~10厘米，株幅10~18厘米，无茎；叶片肉质肥厚，三角状锥形，呈莲座状排列；叶色为深绿色，有不规则的白色条纹；叶顶生有硬刺，棕色。

多肉简介

景天科

番杏科

百合科

大戟科

龙舌兰科

仙人掌科

其他科

龙发

别 名	龙吐水
科 属	龙舌兰科龙舌兰属
产 地	墨西哥

☀ 光照：喜光照，忌高温暴晒

🥄 施肥：生长期每月施肥一次

🌡 温度：生长适温为10℃~25℃

💧 浇水：夏季多浇水，冬季减少浇水

特征简介　龙发是多年生常绿草本植物。植株中型，株高30厘米左右，株幅40厘米左右；叶片近线形或披针形，扁而平，上部细长，基部较宽，丛生，呈莲座状或放射状排列；叶片青绿色，坚挺，稍微向内侧弯曲靠拢；叶尖呈刺状，深褐色。

树冰

别 名	无
科 属	龙舌兰科龙舌兰属
产 地	墨西哥

☀ 光照：喜光照，忌高温暴晒

🥄 施肥：生长期每月施肥一次

🌡 温度：喜温暖，冬季温度不低于5℃

💧 浇水：夏季增加浇水，冬季减少浇水

特征简介　树冰是多年生肉质植物。植株中小型，株高20厘米左右，株幅30厘米左右，无茎或短茎；叶片窄披针形至线形，质地坚硬，上部细而尖，基部宽而厚，呈放射状排列；叶片青绿色，叶尖有硬刺，褐色；叶缘裂生细长的白色纤维。

蓝刺仁王冠

别 名	无
科 属	龙舌兰科龙舌兰属
产 地	美洲热带

☀️ 光照：喜光照，忌高温暴晒

🖐️ 施肥：每月施腐熟的稀薄液肥一次

🌡️ 温度：不耐寒，冬季温度不低于5℃

🫖 浇水：不干不浇，浇则浇透

特征简介 蓝刺仁王冠是多年生肉质植物，是仁王冠的栽培品种。植株中小型，株高25厘米左右，株幅30厘米左右，无茎，呈紧密排列的莲座状；叶片匙形，似菱形，肉质宽厚，叶正面稍稍内凹，叶背拱起有龙骨，叶缘有红褐色稀疏短刺，叶顶端有尖锐的深蓝色长刺一枚；叶面蓝绿色，被有白粉。

五色万代锦

别 名	五彩万代、五色万代
科 属	龙舌兰科龙舌兰属
产 地	美洲

☀️ 光照：喜光照，夏季高温适当遮阴

🖐️ 施肥：生长期每月施薄肥一次

🌡️ 温度：喜温暖，冬季温度不低于10℃

🫖 浇水：生长期保持土壤稍湿润

特征简介 五色万代锦是多年生肉质植物。植株中小型，株高20厘米左右，无茎，呈疏散排列的莲座状；叶片剑形，肉质，质地坚硬有韧性，中间稍凹，叶不易折断；叶子中间黄绿色带，两边墨绿色带，边缘黄色带，共五条色带；叶缘有淡褐色肉齿，呈波浪形，叶尖有褐色硬刺。

黄纹巨麻

别 名	金心缝线麻
科 属	龙舌兰科万年麻属
产 地	巴西、西印度群岛

☀ 光照：喜光照，耐半阴

🥄 施肥：每月施腐熟的稀薄液肥两次

🌡 温度：生长适温为10℃~25℃

🫖 浇水：生长期保持盆土稍湿润，忌积水

特征简介 黄纹巨麻是多年生肉质草本植物。植株大型，株高1米左右，株幅2米左右，呈疏散排列的莲座状；叶片肉质较薄，宽披针形；叶面绿色，中间具有乳黄色和白色相间的纵向条纹；花序圆锥状，花白色，外瓣绿色，长4~5厘米；花期夏季。

酒瓶兰

别 名	无
科 属	龙舌兰科酒瓶兰属
产 地	墨西哥

☀ 光照：喜光照，忌高温暴晒

🥄 施肥：每月施稀薄液肥两次

🌡 温度：生长适温为15℃~30℃

🫖 浇水：耐干旱，忌积水

特征简介 酒瓶兰是小乔木观叶肉质植物。植株高大型，株高可达5米，根肉质块状，茎庞大，茎干下部似酒瓶般膨大，表皮褐色或灰白色；茎皮有厚木栓层，有小方块状的龟裂纹；叶片簇生于单一的茎干顶端，革质，线形，细长，质软，下垂，细齿缘或全缘；叶色四季常绿；花序圆锥状，生于叶丛中，花小，白色；花期夏季。

虎尾兰

别　名	虎尾掌、锦兰、虎皮兰、千岁兰
科　属	龙舌兰科虎尾兰属
产　地	非洲西部

☀ 光照：喜光照，夏季高温适当遮阴

🍯 施肥：生长期每月施复合肥1~2次

🌡 温度：生长适温为20℃~30℃

💧 浇水：适量浇水，宁干勿湿

特征简介 虎尾兰是多年生肉质草本植物。植株中型，茎呈根状；叶片为长条状披针形，扁平，基生，革质，质地坚硬，直立向上生长，叶片稍向内卷，基部稍呈沟状，上宽下窄；叶面暗绿色，叶背白绿色，有横向斑纹，为深绿色和浅绿色相间；总状花序，花葶高50厘米左右，花白色至淡绿色，簇生，花梗长6毫米左右；生小浆果；花期11~12月。

圆叶虎尾兰

别　名	筒叶虎尾兰、筒叶千岁兰、棒叶虎尾兰
科　属	龙舌兰科虎尾兰属
产　地	安哥拉

☀ 光照：喜充足柔和的阳光

🍯 施肥：每月施腐熟的稀薄液肥两次

🌡 温度：不耐寒，最低生长温度为5℃

💧 浇水：生长期干透浇透

特征简介 圆叶虎尾兰是多年生肉质草本植物。有短茎，叶片细圆棒状，肉质，直立生长，长1米左右，粗3厘米左右，有数道竖状沟槽，顶端尖细；叶片深绿色，有横向的灰绿色虎纹斑；总状花序，花小，筒状，淡粉色或白色；花期夏季。

多肉简介

景天科

番杏科

百合科

大戟科

龙舌兰科

仙人掌科

其他科

金边虎尾兰

别 名	金边虎皮兰
科 属	龙舌兰科虎尾兰属
产 地	非洲热带地区和印度

☀ 光照：喜充足的光照

🥄 施肥：生长期每月施薄肥3~4次

🌡 温度：生长适温为18℃~25℃

💧 浇水：耐干旱，干透浇透

特征简介 金边虎尾兰是多年生肉质草本植物。根茎埋于地下，植株大型，株高可达1米；叶片剑形，革质，扁平，直立生长，基部丛生；叶长50~100厘米，宽5~8厘米，全缘，先端尖；叶浅绿色，有深绿色和白色相间的横向虎纹斑，叶缘有金黄色条带，叶表面有很厚的蜡质层；花期11月。

美叶虎尾兰

别 名	无
科 属	龙舌兰科虎尾兰属
产 地	非洲热带地区

☀ 光照：喜光照，忌高温强光暴晒

🥄 施肥：生长期每月施肥一次

🌡 温度：生长适温为20℃~25℃

💧 浇水：耐干旱，生长期保持盆土稍湿润

特征简介 美叶虎尾兰是多年生肉质草本植物，是虎尾兰的斑锦品种。植株中型，叶剑形，初生时为筒状，慢慢展平，叶片宽阔，长20~30厘米；叶面深绿色，有深绿色和白色相间的横向虎纹斑，叶缘有金黄色条带；总状花序，花绿白色，筒状；花期春季。

银蓝柯克虎尾兰

别 名	无
科 属	龙舌兰科虎尾兰属
产 地	非洲

☀ 光照：喜光照，忌烈日暴晒

🥄 施肥：生长期每月施复合肥1~2次

🌡 温度：生长适温为20℃~30℃

🍵 浇水：适量浇水，宁干勿湿

特征简介 银蓝柯克虎尾兰是多年生肉质草本植物，是虎尾兰的园艺品种。叶片基生，扁平，宽大，卵形，中间稍呈沟状，有浅槽，叶色为暗绿色，有浅绿色和深绿色相间的横向斑纹；总状花序，花白色；花期冬季。

月光虎尾兰

别 名	无
科 属	龙舌兰科虎尾兰属
产 地	非洲

☀ 光照：喜光照，忌烈日暴晒

🥄 施肥：生长期每月施复合肥1~2次

🌡 温度：生长适温为20℃~30℃

🍵 浇水：适量浇水，宁干勿湿

特征简介 月光虎尾兰是多年生肉质草本植物，是虎尾兰的栽培品种。植株大型，叶片基生，直立，扁平，呈长条状披针形，叶片正面为深绿色，叶背为浅绿色，均有深绿色的横向斑纹；总状花序，花白色或淡绿色，簇生；花期冬季。

多肉简介

景天科

番杏科

百合科

大戟科

龙舌兰科

仙人掌科

其他科

皇冠龙舌兰

别 名	大翡翠盘
科 属	龙舌兰科龙舌兰属
产 地	墨西哥

☀ 光照：喜光照，日照要充足

🥄 施肥：生长期每月施肥一次

🌡 温度：生长适温为15℃~25℃

💧 浇水：生长期充分浇水

特征简介 皇冠龙舌兰是多年生常绿灌木状草本植物，是龙舌兰的一种。植株大型，状如皇冠，茎极短；叶片呈狭披针形，长1~1.5米，宽15~25厘米，肥厚，革质，叶缘有稀疏肉刺，叶色嫩绿色，叶边金黄色；圆锥状花序，花茎6~12米，花黄色；花期5~6月。

仙人掌科植物大多原产于美洲热带、亚热带沙漠或干旱地区，有140个属2000余种，多数为草本植物，少数为乔木或灌木状植物。茎肉质，形状有柱状、球状或扁平状，多有分枝或关节。

茎上刺座呈螺旋状排列，其上着生有毛、刺、钩毛或腺体、花或芽。花通常辐射对称或两侧对称，两性，白天或夜间开放。

Part 7 仙人掌科

仙人掌

别 名	观音掌、霸王、仙巴掌、火掌
科 属	仙人掌科仙人掌属
产 地	中国南部、美洲、非洲、东南亚

☀ 光照：喜强光照射

🌿 施肥：每月施腐熟的稀薄液肥两次

🌡 温度：生长适温为20℃~30℃

💧 浇水：不干不浇，不可过湿

特征简介 仙人掌是多年生肉质植物。植株呈灌木状，易丛生；叶片肉质肥厚，倒卵状椭圆形，叶缘为不规则的波状，先端圆形或微凹，四季常绿；生有稀疏的明显凸出的刺座，刺座有倒刺刚毛、钻形刺和短绵毛；花瓣状或萼状，黄色，中肋绿色；花期6~10月。

黄毛掌

别 名	金乌帽子
科 属	仙人掌科仙人掌属
产 地	墨西哥北部

☀ 光照：喜充足的光照

🌿 施肥：生长期每月施肥一次

🌡 温度：生长适温为20℃~25℃

💧 浇水：忌积水，宁干勿湿

特征简介 黄毛掌是多年生肉质植物。植株中型，株高可达1米；茎节直立且多分枝，灌木状，茎节呈广椭圆形或椭圆形，黄绿色，新茎生于老茎顶端；刺座螺旋排列，密生金黄色的钩毛；花短漏斗形，淡黄色；花期夏季；浆果红色，圆形，白色果肉。

白桃扇

别　名	白毛掌
科　属	仙人掌科仙人掌属
产　地	墨西哥

☀ 光照：喜充足的光照

🖌 施肥：生长期每月施肥一次

🌡 温度：生长适温为15℃~25℃

💧 浇水：耐干旱，不用常浇水

特征简介　白桃扇是多年生肉质植物，是黄毛掌的变种。植株中型，较黄毛掌小，株高0.5米左右；茎节直立且多分枝，灌木状，茎节呈广椭圆形或椭圆形，黄绿色，新茎生于老茎顶端；刺座螺旋排列，密生白色的钩毛；花鲜黄色，生于刺座，单生，花蕾红色，开花后变黄白色；梨形浆果，紫红色，无刺。

世界图

别　名	短毛丸黄色变种
科　属	仙人掌科仙人球属
产　地	巴西、乌拉圭

☀ 光照：喜充足的光照

🖌 施肥：生长期每月施氮磷肥一次

🌡 温度：生长适温为16℃~28℃

💧 浇水：春季至秋季每周浇水一次

特征简介　世界图是多年生肉质植物，是短毛丸的斑锦品种。植株呈扁球形至球形，易侧生，颜色为深绿色，有大块不规则的黄色斑块，生10~12枚棱，棱上有稀疏刺座，刺座上有短刺14~18枚；花漏斗状，侧生，白色；花期夏季。

仁王丸

别 名	无
科 属	仙人掌科仙人球属
产 地	南美洲

☀ 光照：喜光照，不耐强光

🥄 施肥：生长期每月施氮磷肥一次

🌡 温度：耐寒性差，生长适温为18℃~27℃

💧 浇水：喜多水潮湿

特征简介　仁王丸是多年生肉质植物。植株大型，茎干为圆柱形，株高80厘米，株幅10厘米，基部易生侧芽；茎皮为暗灰绿色，上有8~13条棱；棱上有稀疏刺座，生有黑刺7枚，长2厘米；花白色；花期夏季。

花盛球

别 名	草球花、仙人球花
科 属	仙人掌科仙人球属
产 地	巴西南部、阿根廷

☀ 光照：喜光照，夏季适当遮阴

🥄 施肥：偶尔施点磷钾肥即可

🌡 温度：生长适温为15℃~25℃

💧 浇水：耐干旱，不用常浇水

特征简介　花盛球是多年生肉质植物。植株中小型，单生或群生，球形至圆筒形，暗绿色；球体有10~12道棱，棱上刺点单行整齐排列，密生细长白色软刺，球顶密生黄色细长刺；花侧生，喇叭状，花大，白色，有芳香；花期夏季。

短毛球

别 名	柱状仙人球
科 属	仙人掌科仙人球属
产 地	南美洲

☀ 光照：喜光照

🍃 施肥：生长期每月施肥2~3次

🌡 温度：生长适温为15℃~30℃

💧 浇水：春季至秋季每月浇水两次

特征简介 短毛球是多年生肉质植物。植株中小型，易丛生，茎干圆筒状，表皮为绿色；茎干上着生12~14道整齐的棱，棱上有稀疏的褐色短刺；花喇叭状，侧生，白色，有香味；花期夏季。

橙花短毛球

别 名	无
科 属	仙人掌科仙人球属
产 地	南美洲

☀ 光照：喜光照

🍃 施肥：生长期每月施肥一次

🌡 温度：生长适温为18℃~30℃，冬季最低温度为8℃

💧 浇水：耐干旱，春季至秋季每两周浇水一次

特征简介 橙花短毛球是多年生肉质植物，是短毛球的变种。植株单生，圆柱形或圆筒形，高20~30厘米，直径10~15厘米；茎干为绿色，有直棱11~18个，刺座上有10枚淡褐色的细小短刺；花漏斗状，侧生，橙红色，长15~25厘米；花期夏季。

多肉简介

景天科

番杏科

百合科

大戟科

龙舌兰科

仙人掌科

其他科

金盛球

别 名	金刺草球、草球
科 属	仙人掌科仙人球属
产 地	巴西南部

☀ 光照：喜光照，忌强光直射

🥄 施肥：生长期每月施肥一次

🌡 温度：生长适温为15℃~25℃

💧 浇水：耐干旱，怕积水

特征简介 金盛球是多年生肉质植物。植株小型，单生或丛生，单体为球形；茎干为嫩绿色，有10~12条棱，刺座稀疏，浅黄色，着生8~14枚浅黄色短刺；顶部扁平，密生黄色短刺。

仁王球锦

别 名	无
科 属	仙人掌科仙人球属
产 地	南美洲

☀ 光照：喜光照

🥄 施肥：生长期每月施氮磷肥一次

🌡 温度：生长适温为18℃~27℃

💧 浇水：春季至秋季每周浇水一次，冬季减少浇水

特征简介 仁王球锦是多年生肉质植物，是仁王球的斑锦品种。植株为球形至圆筒形，高20~30厘米，株幅15~20厘米；单生或丛生，基部容易生出子株；茎绿色，有黄白色斑块，有薄棱8~13个，刺座着生一枚中刺，4~7枚短刺，均为红褐色；花漏斗状，侧生，白色，昼开夜闭；花期春夏季。

仁王丸缀化

别 名	无
科 属	仙人掌科仙人球属
产 地	南美洲

☀ 光照：喜光照，日照要充足

🖌 施肥：生长期每月施氮磷肥一次

🌡 温度：生长适温为18℃~27℃

🍵 浇水：春季至秋季每周浇水一次

特征简介　仁王丸缀化是多年生肉质植物，是仁王丸的缀化变异品种。植株为扇形或冠形，高60~80厘米；茎为鸡冠形，小型疣突密布，顶部为黄色，扇面为绿色至褐色。

鼠尾掌

别 名	药用鼠尾草、撒尔维亚
科 属	仙人掌科鼠尾掌属
产 地	美洲中部

☀ 光照：喜充足的光照

🖌 施肥：生长期每月施液肥2~3次

🌡 温度：生长适温为20℃~25℃

🍵 浇水：生长期需要充分浇水

特征简介　鼠尾掌是多年生肉质植物。茎圆筒状，匍匐生长，细长，直径2厘米左右，下垂，常为扭状，有气生根；幼茎绿色，渐变灰色，有10~14个棱，刺座稀疏，着生短刺15~20枚，新刺红色，老刺黄褐色，无叶；花漏斗状，粉红色；花期4~5月；结球形浆果，有刺毛，红色。

多肉简介

景天科

番杏科

百合科

大戟科

龙舌兰科

仙人掌科

其他科

玉翁

别 名	无
科 属	仙人掌科乳突球属
产 地	墨西哥

☀ 光照：喜充足的光照

🥄 施肥：每年施稀薄液肥2~3次

🌡 温度：生长适温为20℃~25℃

💧 浇水：每月浇水一次

特征简介　玉翁是多年生肉质草本植物。植株小型，呈圆球形至椭圆球形，单生，表皮鲜绿色；株高20厘米左右，株幅15厘米左右，球体有圆锥形疣状凸起排列形成的螺旋形的棱，刺座上有15~20枚白色长毛，顶部刺座有白色茸毛及白色长毛30~35枚，褐色中刺2~3枚；花期春季。

玉翁缀化

别 名	无
科 属	仙人掌科乳突球属
产 地	墨西哥

☀ 光照：喜光照，日照要充足

🥄 施肥：半年施稀薄液肥一次

🌡 温度：生长适温为24℃~26℃

💧 浇水：平均3~4周浇水一次

特征简介　玉翁缀化是多年生肉质草本植物，是玉翁的缀化品种。植株呈圆球形或不规则山体形，鲜绿色；有圆锥形的疣状凸起，疣腋间有15~20根长白毛，新刺座有白色茸毛，白色刚毛辐射状周刺30~35枚，尖端褐色的中刺2~3枚；花期春季。

玉翁殿

别 名	玉仙人
科 属	仙人掌科乳突球属
产 地	墨西哥

☀ 光照：喜光照，日照要充足

🥄 施肥：半年施稀薄液肥一次

🌡 温度：生长适温为24℃~26℃

💧 浇水：平均3~4周浇水一次

特征简介 玉翁殿是多年生肉质植物，是玉翁的栽培品种。植株群生，球形，整体呈穹顶状；茎表皮绿色，有圆锥形的疣状凸起形成螺旋棱，刺座着生大量白色软长刺，好似给球体覆盖了一层厚厚的白雪；花红色；花期春季。

玉翁锦

别 名	无
科 属	仙人掌科乳突球属
产 地	墨西哥

☀ 光照：喜光照，日照要充足

🥄 施肥：半年施稀薄液肥一次

🌡 温度：生长适温为24℃~26℃

💧 浇水：平均3~4周浇水一次

特征简介 玉翁锦是多年生肉质植物，是玉翁的斑锦品种。植株单生，呈圆球形至圆筒形，鲜绿色，有不规则的黄色斑块；有13~21个圆锥形的疣状凸起形成的螺旋形排列的棱，疣腋间有白色茸毛，灰白色刚毛状辐射周刺5~9枚；花期春季。

多肉简介

景天科

番杏科

百合科

大戟科

龙舌兰科

仙人掌科

其他科

白玉兔

别　名 | 白神丸

科　属 | 仙人掌科乳突球属

产　地 | 墨西哥

☀ 光照：喜充足的光照

🥄 施肥：生长期每月施肥一次

🌡 温度：生长适温为16℃~24℃

💧 浇水：春季至秋季每月浇水2~3次

特征简介　白玉兔是多年生肉质植物。植株中小型，易群生，株高20厘米左右；茎球形至圆筒形，表皮绿色；有圆锥形的疣状凸起形成的螺旋形排列的棱，刺座着生16~20枚白色短刺，2~4枚白色中刺，密生白色绵毛，顶端刺座生褐色刺；花钟状，红色，长1~2厘米，有红色条纹；花期春夏季；结棒状红色果实。

白鸟

别　名 | 无

科　属 | 仙人掌科乳突球属

产　地 | 墨西哥克雷塔罗州

☀ 光照：喜光照

🥄 施肥：生长期每月施肥一次

🌡 温度：生长适温为15℃~25℃

💧 浇水：忌积水

特征简介　白鸟是多年生肉质植物。植株小型，圆球形，幼时单生，逐渐群生；球径2~4厘米，肉质，质地软，被细小白刺包裹，簇生于圆锥形疣突顶端；花色淡红色带紫色，直径2~3厘米，结红色圆形果实。

朝雾阁

别 名	无
科 属	仙人掌科新绿柱属
产 地	巴西南部山区

☀ 光照：喜光照

🖌 施肥：每月施肥一次

🌡 温度：生长适温为20℃~25℃

💧 浇水：生长期保持盆土湿润

特征简介 朝雾阁是多年生肉质草本植物，适合作砧木。植株大型，高达7米，单生，无分枝或少分枝，圆柱状，有6~8个棱，表皮灰绿色，棱上有稀疏刺座，着生5~7枚短刺，红褐色；花红色；花期春季。

金手指

别 名	黄金司
科 属	仙人掌科乳突球属
产 地	墨西哥伊达尔戈州

☀ 光照：喜充足的光照

🖌 施肥：生长期每月施肥一次

🌡 温度：生长适温为20℃~30℃

💧 浇水：不干不浇，浇则浇透

特征简介 金手指是多年生肉质植物。植株小型，初单生，易群生；茎细圆筒状，直径1.5~2厘米，肉质，形似手指，表皮绿色；球体上有13~21道螺旋棱，由圆锥疣突组成；刺座上着生一枚黄褐色针状中刺，15~20枚黄白色短刺，刺易脱落；花钟状，侧生，淡黄色；花期春末至夏初。

多肉简介
景天科
番杏科
百合科
大戟科
龙舌兰科
仙人掌科
其他科

金手指缀化

别名	无
科属	仙人掌科乳突球属
产地	墨西哥伊达尔戈州

☀ 光照：喜光照，日照要充足

🥄 施肥：生长期每月施肥一次

🌡 温度：生长适温为20℃~28℃

💧 浇水：不干不浇，浇则浇透

特征简介　金手指缀化是多年生肉质植物，是金手指的缀化品种。植株布满黄色的软刺，茎肉质，初始单生，后易从基部孳生仔球，呈扭曲的虫形或蛇形，体色明绿色；刺座着生黄白色刚毛状的短小周刺15~20枚，黄褐色的针状中刺一枚，易脱落；花钟状，侧生，淡黄色；花期春末至夏初。

白龙球

别名	无
科属	仙人掌科乳突球属
产地	南美洲中部

☀ 光照：喜光照，夏季高温适当遮阴

🥄 施肥：生长期每月施肥一次

🌡 温度：生长适温为15℃~25℃

💧 浇水：春季至初秋每月浇水2~3次

特征简介　白龙球是强刺类多年生肉质植物。植株中型，易丛生；茎球形至棒状，表皮淡绿色，有圆锥状疣突形成的螺旋棱，刺座上有白色绒毛和白色长刺；花钟形，较小，绕顶部一圈生长，花粉红色，直径1厘米左右。

月世界

别 名	雪球仙人掌
科 属	仙人掌科月世界属
产 地	墨西哥、美国

☀ 光照：喜充足的光照

🔧 施肥：生长期每月施肥一次

🌡 温度：生长适温为15℃~25℃

💧 浇水：春季至秋季适度浇水

特征简介 月世界是多年生肉质植物。植株小型，单生或丛生；茎圆柱状，表面浅灰绿色，有小疣突螺旋状排列，疣突顶端有刺座，刺座上着生密集的白色毛状细刺；花小，漏斗状，有粉红色、白色或橙色；浆果棍棒状，红色；花期夏季。

小人帽子

别 名	无
科 属	仙人掌科月世界属
产 地	墨西哥、美国

☀ 光照：喜充足的光照

🔧 施肥：生长期施肥2~3次

🌡 温度：生长适温为15℃~25℃

💧 浇水：春夏季每月浇水2~3次

特征简介 小人帽子是多年生肉质植物，是月世界的变种。植株小型，株高4厘米，丛生，单体球形至圆筒形；茎上有螺旋状排列的疣状凸起，刺座上着生密集的白色或淡黄色细小软刺，成熟后茎顶生有短白色绒毛；花小，顶生，淡桃红色或白色，直径1厘米；花期春季。

多肉简介

景天科

番杏科

百合科

大戟科

龙舌兰科

仙人掌科

其他科

黄金童子

别 名	无
科 属	仙人掌科乳突球属
产 地	墨西哥克雷塔罗州

☀ 光照：喜光照

🥄 施肥：生长期每月施肥一次

🌡 温度：生长适温为18℃~28℃

💧 浇水：干透浇透

特征简介 黄金童子是多年生肉质植物。植株多单生，圆球形至椭圆形，直径7~8厘米；茎干鲜绿色，具有13~21个圆锥疣突的螺旋棱，疣突腋部有白色绒毛；刺座着生黄色中刺4~5枚，黄白色周刺15~20枚；花小，钟状，紫红色，围绕球体成圈开放；花期夏季。

丰明丸

别 名	无
科 属	仙人掌科乳突球属
产 地	墨西哥

☀ 光照：全日照

🥄 施肥：生长期每月施肥一次

🌡 温度：不耐寒，生长适温为15℃~25℃

💧 浇水：较耐水湿，种植时应保持盆土湿润

特征简介 丰明丸是多年生肉质植物。植株为圆筒形，单生或丛生；茎干深绿色，表面有15~20个圆锥形疣突形成的棱，呈螺旋状排列，疣突腋部生有绒毛，白色，中刺2~4枚，白色至黄色，周刺30~40枚，白色半透明；花小，钟状，浅红色，成圈开放；花期春季。

大福丸缀化

别 名	大福冠
科 属	仙人掌科乳突球属
产 地	墨西哥

☀ 光照：喜光照

🥄 施肥：生长期每月施肥一次

🌡 温度：生长适温为15℃~25℃

💧 浇水：春季至秋季每两周浇水一次

特征简介 大福丸缀化是多年生肉质植物，是大福丸的缀化品种。植株变异巨大，群生，单体呈扭曲的扇形或冠形，冠面为绿色，密布小型疣突，刺座上有细小的短刺，冠缘密布白色刚刺，好似一条白色的扭曲的蛇。

大福变异缀化

别 名	无
科 属	仙人掌科乳突球属
产 地	墨西哥

☀ 光照：喜光照

🥄 施肥：生长期每月施肥一次

🌡 温度：生长适温为15℃~25℃

💧 浇水：春季至秋季每两周浇水一次

特征简介 大福变异缀化是多年生肉质植物，是大福丸的变异缀化品种。植株大型，冠状，肉质异常肥厚，表皮黄绿色，疣突更大，密集排列，刺更细小。

多肉简介

景天科

番杏科

百合科

大戟科

龙舌兰科

仙人掌科

其他科

白绢丸

别　名｜银琥

科　属｜仙人掌科乳突球属

产　地｜墨西哥

☀ 光照：喜光照，日照要充足

🥄 施肥：生长期每月施肥一次

🌡 温度：生长适温为15℃~25℃

🚿 浇水：生长期每周浇水一次

特征简介　白绢丸是多年生肉质植物。植株早期单独生长，随着成长会逐渐产生一个群体；扁平的球体，刺座精致，密生白色硬刺，球顶密生白色绒毛；花开白色，直径1.5~1.8厘米，花瓣有粉色条纹；花期春季。

白星

别　名｜无

科　属｜仙人掌科乳突球属

产　地｜墨西哥北部

☀ 光照：喜光照，夏季适当遮阴

🥄 施肥：生长期每月施肥一次

🌡 温度：生长适温为15℃~25℃

🚿 浇水：耐干旱，春秋季每两周浇水一次

特征简介　白星是多年生肉质植物。植株群生，茎小，球形，球径长5~7厘米，表皮为深绿色，疣状凸起呈螺旋状排列，疣突腋部有白色长绵毛，刺座周围生长白色羽毛状刺，约40枚；花钟形，黄绿色；花期夏末。

白珠

别 名	白珠球
科 属	仙人掌科乳突球属
产 地	墨西哥

☀ 光照：喜光照，夏季适当遮阴

🖌 施肥：每10天施一次低氮高磷钾的稀薄液肥

🌡 温度：能耐3℃~5℃的低温

💧 浇水：生长期保持盆土湿润，但不能积水

特征简介 白珠是多年生肉质植物。植株小球状或圆筒状，易群生；球体直径7~8厘米，高约15厘米，暗绿色，表面有疣突形成的螺旋状的棱，疣突顶端生有刺座，刺座上生有一根细长的白色软刺；花小，钟状，紫红色；花期春秋季。

黄神丸

别 名	无
科 属	仙人掌科乳突球属
产 地	墨西哥

☀ 光照：喜光照

🖌 施肥：生长期每月施肥一次

🌡 温度：不耐寒，冬季注意保温

💧 浇水：耐湿润，但应适当控制浇水量

特征简介 黄神丸是多年生肉质植物。植株单生，呈球棒状，上粗下细；茎干为绿色，有疣突形成的螺旋棱，疣突腋部长有白色绒毛，刺座着生8~14枚黄色短刺；顶部中心内陷，密生黄色短刺；花洋红色；花期春季。

多肉简介

景天科

番杏科

百合科

大戟科

龙舌兰科

仙人掌科

其他科

姬春星

别 名	无
科 属	仙人掌科乳突球属
产 地	未知

☀ 光照：喜全日照

🥄 施肥：生长期每月施肥一次

🌡 温度：生长适温为15℃~25℃

🫖 浇水：干透浇透，不可浇球体

特征简介 姬春星是多年生肉质植物，是春星的杂交品种。植株易群生，单头小，圆球形；茎表皮为绿色，有8~14个疣突形成的螺旋棱，刺座较白鸟稀疏，密生白色短刺；花红色，绕球顶一圈盛开；花期春季。

嘉文丸

别 名	无
科 属	仙人掌科乳突球属
产 地	墨西哥

☀ 光照：喜全日照

🥄 施肥：生长期每月施肥一次

🌡 温度：生长适温为15℃~25℃

🫖 浇水：干透浇透，不可浇球体

特征简介 嘉文丸是多年生肉质植物。植株单生或丛生，球形或椭圆形；茎干为绿色，疣突顶端有白色绒毛，白色周刺70~90枚；花小，浅红色或粉白色；花期5~7月。

金洋丸

别 名	金洋球
科 属	仙人掌科乳突球属
产 地	墨西哥

☀ 光照：喜光照，日照要充足

🖌 施肥：生长期每月施肥一次

🌡 温度：生长适温为20℃~28℃

💧 浇水：每月浇一次水，夏季浇水增多

特征简介 金洋丸是多年生肉质植物。植株单生或丛生，圆球状或扁球状，高6~15厘米，株幅8~10厘米；表皮绿色，有10~14条圆锥状的疣突形成的螺旋棱，疣突腋部有白色绒毛，刺座着生黄色长刺10枚，长8厘米；花黄色，绕球顶一圈盛开；花期春季。

满月

别 名	红花雪白球
科 属	仙人掌科乳突球属
产 地	墨西哥

☀ 光照：喜光照

🖌 施肥：生长期每月施肥一次

🌡 温度：生长适温为15℃~25℃

💧 浇水：春季至初秋每两周浇水一次，冬季停水

特征简介 满月是多年生肉质植物。植株单生或丛生，扁球形至球形，单体直径为15厘米；茎表皮绿色，有圆柱状的疣突形成的棱，呈螺旋状排列；刺座着生中刺8~12枚，周刺50枚，均为白色；花钟形，红色，绕球顶一圈盛开；花期春夏季。

多肉简介

景天科

番杏科

百合科

大戟科

龙舌兰科

仙人掌科

其他科

蟹爪兰

别 名	蟹爪莲、圣诞仙人掌
科 属	仙人掌科蟹爪兰属
产 地	巴西

☀ 光照：耐半阴，忌高温炎热

🥄 施肥：每周施稀薄液肥一次

🌡 温度：生长适温为20℃~25℃

💧 浇水：生长期保持盆土湿润

特征简介 蟹爪兰是多年生肉质灌木植物。植株多分枝，茎圆柱形，悬垂，幼茎扁平，老茎木质化，无刺；叶片串生，肉质，形似脚蹼，鲜绿色或稍带紫色，扁平，半截椭圆形，顶端截形，两侧波浪状，各有2~4枚粗锯齿，叶片中肋厚；花生于枝头，单生，长6~9厘米，短筒状，开数裂，花萼顶端分离，玫瑰红色；花期10月至次年2月。

松霞

别 名	银松玉
科 属	仙人掌科乳突球属
产 地	墨西哥

☀ 光照：喜光照

🥄 施肥：生长期每半个月施肥一次

🌡 温度：冬季温度不低于5℃

💧 浇水：春夏季每两周浇水一次，冬季断水

特征简介 松霞是多年生肉质植物。植株小型，单生或丛生，球状，直径为2厘米；表皮暗绿色，有5~8个圆锥疣突形成的棱，呈螺旋状排列；刺座着生中刺5~9枚，黄褐色，周刺30~40枚，白色；花小，钟状，侧生，黄色；花期春季；果实鲜红。

雾栖丸缀化

别 名	雾栖球缀化
科 属	仙人掌科乳突球属
产 地	墨西哥瓜纳华托州

☀ 光照：喜光照，日照要充足

🖌 施肥：生长期每月施肥一次

🌡 温度：生长适温为15℃~25℃

💧 浇水：生长期可以稍多浇水

特征简介 雾栖丸缀化是多年生肉质植物，是雾栖丸的缀化品种。植株群生，球形或长条形，表皮为绿色，有圆锥疣突的螺旋棱，疣突腋部有浓密的白色绵毛，刺座着生中刺2~4枚，周刺25~30枚，均灰白色；花大，玫红色，成圈开放。

猩猩丸

别 名	猩猩球
科 属	仙人掌科乳突球属
产 地	墨西哥

☀ 光照：喜光照，耐半阴

🖌 施肥：生长期每月施肥一次

🌡 温度：生长适温为18℃~24℃

💧 浇水：耐干旱，畏涝

特征简介 猩猩丸是多年生肉质植物。植株单生或群生，圆筒状，高25~30厘米，直径8~10厘米；茎表皮绿色，有小疣突形成的螺旋棱13~21个，刺座着生中刺7~15枚，周刺20~30枚，均为红褐色；花紫红色，绕茎顶边缘一圈开放。

火龙果

别　名	玉龙果、青龙果、红龙果、仙蜜果
科　属	仙人掌科量天尺属
产　地	西印度群岛、墨西哥

☀ 光照：喜光照，耐半阴

🥄 施肥：生长期每月施肥一次

🌡 温度：生长适温为20℃~25℃

💧 浇水：生长期充分浇水

特征简介　火龙果是多年生肉质植物。茎为三棱柱状，深绿色，肉质，棱扁平呈波浪状，生有稀疏硬刺；花直立开放，白色，花径20~30厘米；结卵圆形或长球形的红色果实，果实上有绿色长条形叶状体，果肉白色，生有细小的黑色种子，形似芝麻；花期夏秋季。

量天尺

别　名	霸王鞭、霸王花、剑花、三角火旺
科　属	仙人掌科量天尺属
产　地	美洲

☀ 光照：喜光照，耐半阴

🥄 施肥：每月施有机肥2~3次

🌡 温度：冬季温度不低于10℃

💧 浇水：喜潮湿，冬季保持盆土干燥

特征简介　量天尺是多年生攀缘性肉质植物。植株呈灌木状，多分枝；茎为三棱柱形，肉质，深绿色，棱边为波浪状，生有稀疏硬刺，有气生根；花黄绿色，较大，有香味，夜晚开放，开放时间短。

仙人指

别 名	仙人枝
科 属	仙人掌科仙人指属
产 地	南美洲

☀ 光照：喜半阴

🖐 施肥：每月施肥2~3次

🌡 温度：生长适温为15℃~25℃

🛒 浇水：生长期保持盆土湿润

特征简介 仙人指是多年生肉质植物。植株枝丛下垂，多分枝，分枝处有明显的节；枝节呈长扁圆形，肉质，扁平，形似叶片，两侧均有1~2个钝齿，顶部为截面；茎节长3厘米左右，宽1厘米左右，淡绿色，中脉明显；花生于枝顶，单生，为整齐花，长5厘米左右，颜色多样，包括白色、紫色、红色等；花期2月。

绯花玉

别 名	无
科 属	仙人掌科裸萼球属
产 地	南美洲

☀ 光照：喜充足的光照

🖐 施肥：生长期每月施肥一次

🌡 温度：生长适温为15℃~25℃

🛒 浇水：春季至秋季每月浇水2~3次

特征简介 绯花玉是多年生肉质植物。植株小型，单生，扁球状，球径10厘米左右，有棱8~12条，刺座稀疏，着生5根灰色短刺，1根褐色中刺，中刺长1~1.5厘米；花顶生，喇叭状，红色、白色或玫瑰红色，花径3~5厘米；花期5月；结深灰绿色的纺锤状果实。

多肉简介

景天科

番杏科

百合科

大戟科

龙舌兰科

仙人掌科

其他科

瑞云

别 名	瑞云牡丹
科 属	仙人掌科裸萼球属
产 地	巴拉圭、阿根廷

☀ 光照：喜光照，忌高温暴晒

🥄 施肥：生长期每月施肥2~3次

🌡 温度：生长适温为15℃~30℃

🫖 浇水：生长期保持盆土湿润

特征简介 瑞云是多年生肉质植物。植株球形，单生或群生；茎肉质，表皮紫褐色或灰绿色，有8~12棱，较宽阔，棱脊上生有刺座，刺座上有白色绒毛和5~6枚灰黄色周刺，弯曲；花漏斗状，3~7朵，粉红色；花期春末至夏初。

绯牡丹

别 名	红牡丹、红灯
科 属	仙人掌科裸萼球属
产 地	南美洲

☀ 光照：喜充足的光照

🥄 施肥：生长期每月施肥2~3次

🌡 温度：生长适温为15℃~30℃

🫖 浇水：不干不浇，浇则浇透

特征简介 绯牡丹是多年生肉质植物，是牡丹玉的斑锦品种。植株小型，成熟球体群生子球；茎肉质，扁球形，球径3厘米左右，通体为深红色、鲜红色、粉红色、橙红色或紫红色，茎上有8棱，棱上有数道横脊；刺座稀疏，有白色短刺3~5枚；花顶生，漏斗形，粉红色；花期春夏季；结红色的纺锤形果实。

绯牡丹锦

别　名	锦云仙人球
科　属	仙人掌科裸萼球属
产　地	南美洲

☀ 光照：喜光照，日照要充足

✋ 施肥：生长期每10℃~15天施肥一次

🌡 温度：生长适温为15℃~32℃

🫗 浇水：不干不浇，浇则浇透

特征简介　绯牡丹锦是多年生肉质植物，是牡丹玉的斑锦品种。植株为圆球形或扁球形，直径3~5厘米，有8棱，有凸出的横脊，表面青褐色，有不规则的黄色斑点；成熟球体群生子球，刺座小，无中刺，辐射刺短或脱落；花着生在顶部的刺座上，漏斗形，粉红色；花期春夏季；果实纺锤形，红色。

绯牡丹锦缀化

别　名	绯牡丹锦冠
科　属	仙人掌科裸萼球属
产　地	南美洲

☀ 光照：喜全日照

✋ 施肥：生长期每10天施肥一次

🌡 温度：生长适温为15℃~32℃

🫗 浇水：生长期每1~2天对球体喷水一次

特征简介　绯牡丹锦缀化是多年生肉质植物，是绯牡丹锦的缀化品种。植株为冠形，表面为鲜红色和紫褐色间杂，有不规则棱30~50条，刺座上生有黄褐色长刺3~5根；花漏斗状，淡红色；花期春末夏初。

多肉简介

景天科

番杏科

百合科

大戟科

龙舌兰科

仙人掌科

其他科

胭脂牡丹

别　名	无
科　属	仙人掌科裸萼球属
产　地	巴拉圭

☀ 光照：喜充足的光照

🥄 施肥：生长期每月施肥一次

🌡 温度：生长适温为15℃~25℃

🫖 浇水：春夏季每周浇水一次

特征简介　胭脂牡丹是多年生肉质植物。植株小型，基部易萌生子球；单生为扁球形，有8棱，棱上有数道横脊，通体胭脂红色；刺座稀疏，着生周刺3~5枚，淡粉色；花漏斗状，顶生，长4厘米左右，淡红色；花期春末夏初。

黑牡丹玉

别　名	无
科　属	仙人掌科裸萼球属
产　地	巴拉圭

☀ 光照：喜充足的光照

🥄 施肥：生长期每月施肥一次

🌡 温度：生长适温为15℃~25℃

🫖 浇水：春夏季每周浇水一次

特征简介　黑牡丹玉是多年生肉质植物。植株小型，易群生，椭圆形或扁球形；茎有8~12棱，棱上有数道横脊，墨绿色表皮，刺座稀疏，着生黄白色周刺4~6枚，黄褐色中刺1~3枚；花顶生，漏斗状，桃红色，花径3厘米左右；花期春季至夏季。

蛇龙球

别 名	无
科 属	仙人掌科裸萼球属
产 地	阿根廷、巴西

☀ 光照：喜充足的光照

🖌 施肥：生长期每月施肥一次

🌡 温度：生长适温为15℃~25℃

💧 浇水：春季至秋季每月浇水2~3次

特征简介 蛇龙球是多年生肉质植物。植株单生，深绿色，茎呈扁圆形或球形；有5~8道圆锥形疣突形成的阔棱，刺座着生5~8枚黄白色周刺；花顶生，漏斗状，花径7厘米，粉色或白色；花期夏季。

新天地

别 名	无
科 属	仙人掌科裸萼球属
产 地	阿根廷

☀ 光照：喜充足的光照

🖌 施肥：生长期每月施肥一次

🌡 温度：生长适温为18℃~25℃

💧 浇水：春夏季每周浇水一次

特征简介 新天地是多年生肉质植物，是裸萼球属中最大的株型。植株单生，球形或扁球形，顶部扁平；球体表皮绿色或淡蓝绿色，有圆锥形疣突形成的螺旋棱10~30道；刺座着生7~15枚红褐色周刺，3~5枚中刺，顶部刺为黄色；花顶生，漏斗状，花径2厘米；花期初夏。

多肉简介

景天科

番杏科

百合科

大戟科

龙舌三科

仙人掌科

其他科

白花瑞昌冠

别 名	无
科 属	仙人掌科裸萼球属
产 地	阿根廷

☀ 光照：喜光照

🥄 施肥：生长期每月施肥一次

🌡 温度：生长适温为18℃~25℃，冬季温度不低于5℃

💧 浇水：耐干旱，春夏季每周浇水一次

特征简介 白花瑞昌冠是多年生肉质植物，是白花瑞昌玉的缀化品种。植株单生，株高10~12厘米，冠径15~20厘米，扇形或鸡冠形，由圆球形扁化而来，表皮深绿色，布满疣突，疣突顶端生有刺座，刺座上生有硬刺5~7枚；花漏斗状，白色；花期春末至夏初。

春秋之壶

别 名	无
科 属	仙人掌科裸萼球属
产 地	阿根廷南部

☀ 光照：喜光照

🥄 施肥：生长期每月施肥一次

🌡 温度：生长适温为18℃~25℃

💧 浇水：春夏季每两周浇水一次

特征简介 春秋之壶是多年生肉质植物。植株群生，单头为球形或扁球形，直径6~8厘米，灰绿色，有疣突生成的直棱8~11个，疣突上有刺座，刺座上有黄褐色长刺1~3枚，球顶多为黄色；花生于球顶，漏斗状，白色带紫色中脉；花期春季。

海王球

别 名	裸萼仙人球
科 属	仙人掌科裸萼球属
产 地	墨西哥

- ☀ 光照：喜光照，耐半阴
- 🖐 施肥：生长期每月施肥一次
- 🌡 温度：生长适温为20℃~30℃
- 💧 浇水：春夏季每周浇水一次，秋冬季减少浇水

特征简介 海王球是多年生肉质草本植物，是蛇龙丸的变种。植株单生，扁球形，高8~10厘米，直径为12~15厘米；茎深绿色，顶部扁平，有圆润肥硕的疣突形成的棱，有5~8个，刺座稀疏，着生黄褐色短刺5~7枚；花生于顶端，钟形，白色；花期夏季。

圣王丸锦

别 名	圣王球锦、圣王锦
科 属	仙人掌科裸萼球属
产 地	阿根廷、巴西、玻利维亚

- ☀ 光照：喜光照
- 🖐 施肥：生长期每月施肥一次
- 🌡 温度：生长适温为15℃~25℃
- 💧 浇水：春夏季每周浇水一次，冬季断水

特征简介 圣王丸锦是多年生肉质植物，是圣王丸的斑锦品种。植株易生侧芽，球状，直径6~10厘米；表皮墨绿色，有不规则黄色斑块，有5~7条棱，棱宽厚，刺座着生周刺2~8枚；花钟形，白色或红色；花期春末夏初。

万重山

别 名	山影、仙人山
科 属	仙人掌科仙人柱属
产 地	南非

☀ 光照：喜充足的光照

🥄 施肥：每年施肥1~2次

🌡 温度：生长适温为15℃~30℃

💧 浇水：每周浇水1~2次

特征简介 万重山是多年生肉质植物。植株小型，多分枝，整体呈假山形；茎呈不规则的圆柱形，有3~5棱，肉质肥厚，暗绿色或黄绿色，有褐色刺；花漏斗形或喇叭状，粉红色或白色，昼闭夜开；花期夏秋季。

青衣柱

别 名	无
科 属	仙人掌科仙人柱属
产 地	未知

☀ 光照：喜充足的光照

🥄 施肥：每季施肥一次

🌡 温度：生长适温为15℃~30℃

💧 浇水：每周浇水一次

特征简介 青衣柱是多年生肉质植物。植株大型，有分枝，茎高可达2~4米，主茎粗5~10厘米，茎圆柱状，有10~14棱；棱上生有刺座，刺座有少许黄色钩毛和数枚淡黄色的刺，刺长8厘米；叶肉质，细圆柱形，着生于茎节上部，长10厘米，不会全部脱落；花红色；花期夏季。

翁柱

别　名	白头翁
科　属	仙人掌科仙人柱属
产　地	墨西哥

☀ 光照：喜光照，忌高温暴晒

🖌 施肥：生长期每月施低氮素肥一次

🌡 温度：生长适温为15℃~30℃

💧 浇水：耐干旱，忌积水

特征简介　翁柱是多年生肉质植物。植株大型，株高可达6米，偶有分枝；茎圆柱状，肉质，表皮绿色，有20~30直棱；刺座大而密集，着生白毛和1~5枚细刺，黄色，顶部白毛更多，似老翁的白发；花漏斗形，白色，中脉红色；花期夏季。

仙人柱

别　名	仙人山
科　属	仙人掌科仙人柱属
产　地	美洲

☀ 光照：喜光照，日照要充足

🖌 施肥：一般不需要施肥

🌡 温度：生长适温为25℃~30℃

💧 浇水：每周浇水一次

特征简介　仙人柱是多年生肉质植物。植株大型，株高可达15米；不易丛生，直立圆筒状，表皮灰绿色；茎干粗壮，有3~12棱，棱缘有刺座，着生周刺若干；花大，漏斗状，白色，有香味，夜间开放；花期5~12月。

多肉简介
景天科
番杏科
百合科
大戟科
龙舌兰科
仙人掌科
其他科

银翁玉

别 名	无
科 属	仙人掌科智利球属
产 地	智利亚热带半荒漠区

☀ 光照：喜充足的光照

🥄 施肥：生长期每月施肥一次

🌡 温度：生长适温为15℃~30℃

🌿 浇水：生长期每月浇水2~3次

特征简介 银翁玉是多年生肉质植物。植株小型，单生，球形至短圆筒状，直径5厘米左右，有16~18棱；刺座上有针状弯曲长刺30枚，长2厘米左右，灰白色，生有黄色绵毛；刺座下方有椭圆形凸出；花淡红色；花期春季。

豹头

别 名	无
科 属	仙人掌科智利球属
产 地	智利

☀ 光照：喜光照

🥄 施肥：生长期每月施肥一次

🌡 温度：稍耐寒，生长适温为10℃~25℃

🌿 浇水：生长期喜湿润，夏冬两季休眠

特征简介 豹头是多年生肉质植物。植株易群生，单头为球形，暗褐色或暗绿色，高5~9厘米，有10~14棱，刺座小，着生短刺3~9枚；花漏斗形，黄色；花期夏秋季。

粉花秋仙玉

别 名	无
科 属	仙人掌科智利球属
产 地	智利

☀ 光照：全日照

🖐 施肥：生长期每月施肥一次

💧 温度：生长适温为10℃~25℃

🫗 浇水：生长期每两周浇水一次

特征简介　粉花秋仙玉是多年生肉质植物，是秋仙玉的栽培品种。植株圆筒形，单生，高约10~20厘米，直径10~15厘米；茎表面为深绿色，疣突形成的棱呈螺旋状排列，有13~15个，刺座着生黄色中刺和灰白色周刺；花漏斗状，淡粉红色；花期秋季。

金赤龙

别 名	无
科 属	仙人掌科强刺球属
产 地	墨西哥、美国

☀ 光照：喜充足的光照

🖐 施肥：生长期每月施液肥一次

💧 温度：生长适温为15℃~30℃

🫗 浇水：耐干旱，生长期适度浇水

特征简介　金赤龙是多年生肉质植物。植株中型，单生，球形至圆筒形，株高1~1.5米，株幅60~80厘米；茎深绿色至灰绿色，有15~25直棱；刺座着生12~30枚长刺，刺扁平带钩弯曲，褐色、黄色或灰色，刺端淡红褐色；花顶生，钟状，褐色、黄色或红色；花期夏季。

江守玉

别 名	无
科 属	仙人掌科强刺球属
产 地	美国南部及墨西哥

☀ 光照：喜充足的光照

🪴 施肥：生长期施肥3~4次

🌡 温度：生长适温为20℃~30℃

💧 浇水：春季至夏末每月浇水2~3次

特征简介 江守玉是多年生肉质植物。
植株大型，单生，扁圆形至圆柱状，球径可达1米；茎肉质，灰绿色，有波浪形棱8~32
道，刺座稀疏，附生白色绒毛，着生5~8枚周刺，一枚中刺，末端弯曲，刺红褐色，刺
端黄白色；花漏斗状，橙黄色，花径6厘米左右；花期春季。

王冠龙

别 名	蓝筒掌
科 属	仙人掌科强刺球属
产 地	墨西哥

☀ 光照：喜充足的光照

🪴 施肥：生长期每月施肥一次

🌡 温度：生长适温为25℃~30℃

💧 浇水：春季至夏末每月浇水2~3次

特征简介 王冠龙是多年生肉质植物。植
株呈球形，易群生；球体绿色，有11~14
深棱；刺座密集，生有6~8枚黄色周刺，一枚黄色中刺，顶端刺座有白毛；花较大，花
径2厘米左右，黄色；花期春季。

巨鹫玉

别 名	鱼钩球
科 属	仙人掌科强刺球属
产 地	墨西哥

☀ 光照：喜光照，忌高温暴晒

🖐 施肥：生长期每月施肥一次

🌡 温度：生长适温为25℃~30℃

🪣 浇水：春季至夏末每月浇水2~3次

特征简介 巨鹫玉是多年生肉质植物。植株中型，单生，球形至圆筒形；茎有13棱，棱薄沟深，呈斜向或螺旋状排列，表皮深绿色；刺座生有11枚白色周刺，红褐色扁平带钩中刺4枚；花漏斗状，橙红色；花期春末至夏初。

日之出球

别 名	无
科 属	仙人掌科强刺球属
产 地	墨西哥

☀ 光照：喜充足的光照

🖐 施肥：生长期每月施肥一次

🌡 温度：生长适温为15℃~30℃

🪣 浇水：春季至秋季每月浇水一次

特征简介 日之出球是多年生肉质植物。植株中小型，株高30厘米左右，株幅40厘米左右，多单生，球形顶部内凹；茎肉质，淡灰绿色，有疣突形成的棱15~23道；刺座着生白色绒毛、4枚中刺、6~15枚周刺，均为红色，最下面的刺有钩，呈扁平状；花钟状，黄色、白色或红色；花期夏季。

多肉简介

景天科

番杏科

百合科

大戟科

龙舌兰科

仙人掌科

其他科

日之出球缀化

别 名	无
科 属	仙人掌科强刺球属
产 地	墨西哥中部和南部

☀ 光照：喜光照

🖌 施肥：生长期每月施肥一次

🌡 温度：生长适温为15℃~30℃

🍵 浇水：春季至秋季每半个月浇水一次，
冬季断水

特征简介 日之出球缀化是多年生肉质植物，是日之出球的缀化品种。植株单生，缀化为不规则球形或冠形，表皮灰绿色，密布横向褶皱，有道道浅沟，刺座着生周刺4~8枚，黄色，中刺1~4枚，红色；花有白色、红色、紫色或黄色，钟状；花期夏季。

赤凤

别 名	无
科 属	仙人掌科强刺球属
产 地	墨西哥

☀ 光照：喜光照，日照要充足

🖌 施肥：生长期每月施液肥一次

🌡 温度：生长适温为15℃~30℃

🍵 浇水：耐干旱，生长期适度浇水

特征简介 赤凤是多年生肉质植物。植株单生或群生，球状或圆柱状，高可达2~3米，表面为深绿色；茎上有棱13~20个，有稀疏刺座，刺座上有黄褐色硬刺，球顶有大红色短刺；花生于顶端，黄色至红色，漏斗状。

琉璃丸

别 名	无
科 属	仙人掌科强刺球属
产 地	墨西哥

☀ 光照：喜光照，日照要充足

🥄 施肥：生长期每月施液肥一次

🌡 温度：生长适温为15℃~30℃

💧 浇水：耐干旱，生长期适度浇水

特征简介 琉璃丸是多年生肉质植物。植株单生或群生，大型，球形或扁球形，高达1米；茎绿色，有10~14直棱，刺座为黄白色，有中刺1枚，周刺5~7枚，均为黄白色，顶部刺座的中刺为红色。

伟冠龙锦

别 名	无
科 属	仙人掌科强刺球属
产 地	墨西哥

☀ 光照：喜光照

🥄 施肥：生长期每月施液肥一次

🌡 温度：生长适温为15℃~30℃

💧 浇水：耐干旱，冬季保持干燥

特征简介 伟冠龙锦是多年生肉质植物。植株单生，球形，直径20~35厘米，表皮深绿色，有棱13~15条，刺座白色，着生中刺1枚，黑褐色，周刺5~7枚，黄白色；花顶生，钟状，黄色，有紫红色条纹；花期春季。

多肉简介

景天科

番杏科

百合科

大戟科

龙舌兰科

仙人掌科

其他科

般若

别 名	美丽星球
科 属	仙人掌科星球属
产 地	墨西哥

☀ 光照：全日照

🥄 施肥：生长期每月施肥一次

🌡 温度：可以耐0℃以上的低温

💧 浇水：生长期保持盆土稍湿润，秋冬
季保持干燥

特征简介 般若是多年生肉质植物。幼时为圆球形，慢慢长成圆筒形，最高可达1米，直径30厘米，暗绿色，表面布满银白色鳞片，有6~8棱，棱上有刺座，刺座上着生黄褐色硬刺5~11枚；花生于顶部，花大，漏斗状，黄色；花期夏季。

恩冢般若

别 名	无
科 属	仙人掌科星球属
产 地	墨西哥

☀ 光照：全日照

🥄 施肥：生长期每月施肥一次

🌡 温度：可以耐0℃以上的低温

💧 浇水：生长期保持盆土稍湿润，秋冬
季保持干燥

特征简介 恩冢般若是多年生肉质植物，是般若的栽培品种。植株球形或圆筒形，株高8~20厘米，直径8~12厘米；茎干有8棱，表面为青绿色，布满不规则的白点，刺座上着生3枚黄褐色短刺；花漏斗形，黄色；花期夏季。

裸般若

别 名	无
科 属	仙人掌科星球属
产 地	墨西哥

☀ 光照：全日照

🪣 施肥：生长期每月施肥一次

🌡 温度：可以耐0℃以上的低温

💧 浇水：生长期保持盆土稍湿润，秋冬季保持干燥

特征简介 裸般若是多年生肉质草本植物，是般若的栽培品种。植株中小型，单生，球形，株高为20厘米左右，株幅为15厘米左右；茎青绿色，有8棱，无星点；花漏斗状，黄色；花期夏季。

鸾凤玉

别 名	僧帽、多柱头星球
科 属	仙人掌科星球属
产 地	墨西哥

☀ 光照：喜充足的光照

🪣 施肥：生长期每月施肥一次

🌡 温度：生长适温为15℃~25℃

💧 浇水：生长期每月浇水2~3次

特征简介 鸾凤玉是多年生肉质植物。植株中小型，单生，球形至细圆筒形，球径15厘米左右，灰白色，有3~9棱，一般为5棱，底部有横向沟槽；棱上的刺座有褐色绵毛，球体密被白色小鳞片或星状毛；花顶生于刺座上，漏斗形，黄色或有红心；花期夏季。

复隆鸾凤玉

别 名	无
科 属	仙人掌科星球属
产 地	墨西哥

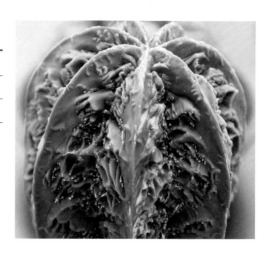

☀ 光照：喜光照，日照要充足

🥄 施肥：生长期每月施肥一次

🌡 温度：生长适温为18℃~25℃

🌊 浇水：生长期每半个月浇水一次

特征简介 复隆鸾凤玉是多年生肉质植物，是鸾凤玉的变种。植株球形，老株变为细长筒状，有7道明显的棱；表面无刺，深绿色，有起伏的褶皱和不规则的白色或黄色的斑点。

鸾凤玉锦

别 名	无
科 属	仙人掌科星球属
产 地	墨西哥

☀ 光照：喜光照，日照要充足

🥄 施肥：生长期每月施肥一次

🌡 温度：生长适温为18℃~25℃

🌊 浇水：生长期每半个月浇水一次

特征简介 鸾凤玉锦是多年生肉质植物，是鸾凤玉的一种斑锦品种。植株球形，球体直径6~10厘米，有5棱；棱上有稀疏的疣突，疣突上有白色的绒毛；球体为绿褐色，有大片的黄色斑块。

弯凤玉缀化

别名｜无

科属｜仙人掌科星球属

产地｜墨西哥

☀ 光照：喜光照，日照要充足

🖌 施肥：生长期每月施肥一次

🌡 温度：生长适温为18℃~25℃

💧 浇水：生长期每半个月浇水一次

特征简介 弯凤玉缀化是多年生肉质植物，是弯凤玉的缀化品种。植株呈冠形或扇形，单生；株体表面为浅绿色，有不规则的棱，棱上遍布白色疣突，顶部似鸡冠形；花漏斗状；花期夏季。

龟甲弯凤玉

别名｜无

科属｜仙人掌科星球属

产地｜墨西哥

☀ 光照：喜充足的光照

🖌 施肥：生长期每月施肥一次

🌡 温度：生长适温为15℃~25℃

💧 浇水：生长期每月浇水2~3次

特征简介 龟甲弯凤玉是多年生肉质植物，是弯凤玉的栽培品种。植株小型，单生，株高15厘米左右，株幅10厘米左右；植株有5棱，棱沟两侧有白色小斑点，表面浅灰绿色，棱上有横向沟槽，刺座无刺；花漏斗状，淡黄色；花期夏季。

多肉简介

景天科

番杏科

百合科

大戟科

龙舌兰科

仙人掌科

其他科

四角鸾凤玉

别 名	无
科 属	仙人掌科星球属
产 地	墨西哥

☀ 光照：喜光照，忌高温暴晒

🥄 施肥：生长期每月施肥一次

🌡 温度：生长适温为15℃~25℃

💧 浇水：生长期每月浇水2~3次

特征简介　四角鸾凤玉是多年生肉质植物，是鸾凤玉的变种。植株小型，单生；茎呈正方形，有棱4道，表面为深绿色，密布白色星状毛；花顶生，漏斗状，花径2厘米左右，淡黄色；花期夏季。

四角琉璃鸾凤玉

别 名	碧云玉
科 属	仙人掌科星球属
产 地	墨西哥

☀ 光照：喜光照，忌高温暴晒

🥄 施肥：生长期每月施肥一次

🌡 温度：生长适温为15℃~25℃

💧 浇水：生长期每月浇水2~3次

特征简介　四角琉璃鸾凤玉是多年生肉质植物，是四角鸾凤玉的栽培品种。植株小型，单生，呈四方形；茎表面碧绿色，光滑，有白色星点组成的细条纹，棱4道，刺座无刺有绒毛；花顶生，漏斗状，花径2厘米左右，淡黄色；花期夏季。

象牙球

别 名	象牙丸、象牙仙人球
科 属	仙人掌科菠萝球属
产 地	墨西哥中部

☀ 光照：喜充足的光照

🌱 施肥：生长期施肥3~4次

🌡 温度：生长适温为20℃~25℃

💧 浇水：春季至初秋每周浇水一次

特征简介　象牙球是多年生肉质植物。植株中型，单生或丛生；茎圆球形，球径可达80厘米，有疣突形成的棱20~30道，刺座密生黄色绒毛和金黄色扁平长刺；花顶生，黄色；花期夏季。

烈刺丸

别 名	无
科 属	仙人掌科顶花球属（菠萝球属）
产 地	墨西哥、美国

☀ 光照：喜光照，夏季适当遮阴

🌱 施肥：生长期每月施肥一次

🌡 温度：生长适温为15℃~25℃

💧 浇水：生长期两周左右浇水一次，冬季断水

特征简介　烈刺丸是多年生肉质植物。植株单生或群生，球状或圆筒状；茎嫩绿色，有11~15条棱，刺座为灰白色，着生1枚剑形长刺，周刺6~10枚，均为灰白色；顶部刺座黄色，着生1枚中刺，周刺6~8枚，均为黄色或红色；花生于球顶，黄色或红色，钟形或漏斗形。

多肉简介

景天科

番杏科

百合科

大戟科

龙舌兰科

仙人掌科

其他科

白檀

别　名	葫芦拳、金牛掌
科　属	仙人掌科白檀属
产　地	阿根廷西部

☀ 光照：喜光照，耐半阴

🥄 施肥：生长期每月施肥一次

🌡 温度：生长适温为15℃~25℃

💧 浇水：春季至秋季每月浇水一次

特征简介　白檀是多年生肉质植物。植株多分枝；茎肉质，细筒状，初时直立，后匍匐丛生，有6~9浅棱，体色淡绿色；刺座上着生短刺10~15枚，白色，无中刺；花侧生，漏斗状，鲜红色，花径5~7厘米；花期夏季。

鲜丽玉锦

别　名	红山吹
科　属	仙人掌科丽花球属与白檀属的属间杂种
产　地	未知

☀ 光照：喜光照，夏季适当遮阴

🥄 施肥：生长期每月施肥一次

🌡 温度：冬季温度不低于5℃

💧 浇水：春季至秋季每周浇水一次，冬季减少浇水

特征简介　鲜丽玉锦是多年生肉质植物，是白檀与辉凤玉的属间杂种。植株群生，株高6~8厘米；单头为圆筒状，通体亮黄色，基部易生子球，有10~12棱，刺座着生细刺，红褐色；花侧生，漏斗状，红色，长1~2厘米；花期夏季。

兜

别 名	星兜、星球
科 属	仙人掌科星球属
产 地	墨西哥、美国

☀ 光照：喜光照，忌高温强光暴晒

🖌 施肥：生长期每月施肥一次

🌡 温度：生长适温为15℃~30℃

💧 浇水：生长期每月浇水2~3次

特征简介 兜是多年生肉质植物。植株小型，株高和株幅均为10厘米，单生，呈半球形或圆柱形；球体有8浅棱，棱宽厚，球面青绿色，均匀分布白色绒点，刺座无刺有白色绒毛；花顶生，漏斗状，鲜黄色，喉部红色，花径7厘米左右；花期春季至秋季。

花园兜

别 名	无
科 属	仙人掌科星球属
产 地	墨西哥

☀ 光照：喜光照

🖌 施肥：生长期每月施肥一次

🌡 温度：喜温暖，冬季注意保暖

💧 浇水：生长期每两周浇水一次

特征简介 花园兜是多年生肉质植物。植株单生，扁球体，高10厘米，直径10~15厘米；表皮深绿色，密布白色斑点和刺座，刺座生有密集的白色绒毛，有峰形疣突6~10条；花黄色；花期3~10月。

多肉简介
景天科
番杏科
百合科
大戟科
龙舌兰科
仙人掌科
其他科

琉璃兜缀化

别　名 | 无

科　属 | 仙人掌科星球属

产　地 | 墨西哥、美国

☀ 光照：喜光照，盛夏适当遮阴

🥄 施肥：生长期每月施肥一次

🌡 温度：生长适温为18℃~25℃

🪣 浇水：生长期每两周浇水一次，秋冬
季保持干燥

特征简介　琉璃兜缀化是多年生肉质植
物，是琉璃兜的缀化品种。植株为冠形或
扇形；茎灰绿色，密集小型疣突，中间有一条横向的浅沟，刺座着生密集的白色短刺；
花漏斗状，淡黄色，花径3~4厘米；花期夏季。

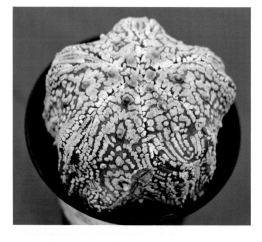

五星兜

别　名 | 无

科　属 | 仙人掌科星球属

产　地 | 墨西哥

☀ 光照：喜光照，盛夏适当遮阴

🥄 施肥：生长期每月施肥一次

🌡 温度：生长适温为15℃~30℃

🪣 浇水：生长期每半个月浇水一次

特征简介　五星兜是多年生肉质植物。植株单生，小型，呈五角星球体状；全株有5宽
棱，表面绿色，密布黄色绒点，少刺或无刺；花顶生，漏斗状；花期春季至秋季。

茜云

别 名	无
科 属	仙人掌科花座球属
产 地	巴西

☀ 光照：喜充足的光照

🖌 施肥：生长期每月施肥一次

🌡 温度：生长适温为20℃~25℃

💧 浇水：春季至秋季每月浇水2~3次

特征简介 茜云是多年生肉质植物。植株单生，较大，下部为球体，上部为花座；球体有10~12棱，棱上有稀疏刺座，着生红褐色短刺10~15枚，刺尖而硬；花座和球体同宽，密生暗红色刚毛；花漏斗状，紫红色，长2厘米，花径1厘米；花期夏季。

铁云

别 名	无
科 属	仙人掌科花座球属
产 地	未知

☀ 光照：喜充足的光照

🖌 施肥：生长期每月施肥一次

🌡 温度：生长适温为15℃~25℃

💧 浇水：每15天左右浇水一次

特征简介 铁云是多年生肉质植物。植株单生，球状；全株有10~12棱，花座顶生，密生暗红色刚毛；棱上有刺座，刺座着生刺8~12枚，白色，尖而硬；花漏斗状；花期夏季。

层云

别 名	无
科 属	仙人掌科花座球属
产 地	古巴、哥伦比亚

☀ 光照：喜充足的光照

🍯 施肥：生长期每月施肥一次

🌡 温度：生长适温为20℃~25℃

💧 浇水：春季至秋季每月浇水2~3次

特征简介 层云是多年生肉质植物。植株扁圆形，上生花座，有茎，单生；球体有10~12棱，棱上密生刺座，着生7~8枚淡褐色周刺和1枚褐色中刺，表皮蓝绿色；花座密生暗红色刚毛，紫红色与白色间杂；花淡红色；花期夏季。

碧云

别 名	无
科 属	仙人掌科花座球属
产 地	巴西

☀ 光照：喜光照，夏季适当遮阴

🍯 施肥：生长期每月施肥一次

🌡 温度：生长适温为10℃~25℃

💧 浇水：春季至秋季每两周浇水一次

特征简介 碧云是多年生肉质植物。植株较大，单生，球形或扁球形，灰绿色，高12~16厘米，直径16~25厘米，棱较宽，棱脊较高，有10~13个，刺座上有红褐色短刺5~7枚；球顶有花座，由浓密的白色和棕红色刚毛组成，直径为7~9厘米；花浅红色；结紫红色果实。

黄金云

别　名	菠萝球
科　属	仙人掌科花座球属
产　地	巴西

☀ 光照：喜充足的光照

🖌 施肥：生长期每月施肥一次

🌡 温度：生长适温为20℃~25℃

💧 浇水：春季至秋季每月浇水2~3次

特征简介　黄金云是多年生肉质植物。植株中型，株高可达80厘米，株幅10厘米左右，单生，球形，上生圆柱形花座；球体有13~18薄棱，密生刺座，着生1枚中刺，8~10枚周刺，新刺金黄色，老刺黄褐色，球体表面灰绿色，密生暗红色刚毛；花漏斗状，紫粉色，花径2厘米左右；花期夏季。

黄金云锦

别　名	无
科　属	仙人掌科花座球属
产　地	巴西

☀ 光照：喜充足的光照

🖌 施肥：生长期每月施肥一次

🌡 温度：生长适温为20℃~25℃

💧 浇水：春季至秋季每月浇水2~3次

特征简介　黄金云锦是多年生肉质植物，是黄金云的斑锦品种。植株单生，圆球形，直径10~20厘米；茎干深绿色，有黄色不规则斑块，有13~18个薄棱，刺座为白色，着生褐色中刺1枚，白色周刺6~10枚；花漏斗状；花期夏季。

多肉简介

景天科

番杏科

百合科

大戟科

龙舌兰科

仙人掌科

其他科

莺梅云

别 名	无
科 属	仙人掌科花座球属
产 地	巴西

☀ 光照：喜光照，夏季适当遮阴

🍶 施肥：生长期每月施肥一次

🌡 温度：生长适温为10℃~25℃

💧 浇水：春季至秋季每两周浇水一次

特征简介 莺梅云是多年生肉质植物，是鸣莺云的大型种。植株中型，球形至长圆球形，直径可达20厘米；表皮浅绿色，有10~12条棱，刺座着生中刺1~3枚，周刺3~5枚，均为灰白色；球顶有花座，由浓密的棕红色刚毛组成；花顶生，浅红色。

福禄寿

别 名	福乐寿
科 属	仙人掌科鸡冠柱属
产 地	墨西哥、美国

☀ 光照：喜充足的光照

🍶 施肥：生长期每月施肥一次

🌡 温度：生长适温为20℃~25℃

💧 浇水：春季至秋季每月浇水2~3次

特征简介 福禄寿是多年生肉质植物。植株大型，柱状，株高可达2米，株幅50厘米左右，基部多分枝；茎灰绿色，石化，旋转扭曲，有4棱，表面光滑，有乳状凸起，刺座着生少量褐红色短刺；花白色；花期夏季。

上帝阁

别 名	鸡冠柱
科 属	仙人掌科鸡冠柱属
产 地	美国亚利桑那州和墨西哥

☀ 光照：喜光照，日照要充足

🖌 施肥：生长期每月施肥一次

🌡 温度：生长适温为16℃~25℃

🖊 浇水：生长期每半个月浇水一次

特征简介 上帝阁是多年生肉质植物。植株大型，柱状，群生，基部生分枝，高可达7米，直径6~10厘米；表皮浅绿色，有5~7直棱，棱缘有缺口，刺座密集，着生黑刺若干；花白色，夜间开放；果实球形，红色。

金琥

别 名	金琥仙人球、黄刺金琥
科 属	仙人掌科金琥属
产 地	墨西哥

☀ 光照：喜充足的光照

🖌 施肥：生长期每月施肥一次

🌡 温度：生长适温为15℃~25℃

🖊 浇水：生长期每周浇水一次

特征简介 金琥是多年生肉质植物。植株球形，单生，表皮亮绿色；球体有20~40棱，棱上刺座密集，刺座上着生8~10枚金黄色周刺；花钟形，长5厘米左右，亮黄色；花期夏季。

多肉简介
景天科
番杏科
百合科
大戟科
龙舌兰科
仙人掌科
其他科

短刺金琥

别　名	王金琥
科　属	仙人掌科金琥属
产　地	墨西哥

☀ 光照：喜充足的光照

🥄 施肥：生长期每月施肥一次

🌡 温度：生长适温为15℃~25℃

💧 浇水：生长期每周浇水一次

特征简介　短刺金琥是多年生肉质植物，是金琥的栽培品种。植株单生，球形，表皮绿色或黄绿色；球体有18~22棱，刺座稀疏，着生象牙色短刺，顶部刺座密生白色绒毛；花钟状，黄色；花期夏季。

白刺金琥

别　名	银琥
科　属	仙人掌科金琥属
产　地	墨西哥中部沙漠地区

☀ 光照：喜光照，日照要充足

🥄 施肥：生长期每月施肥一次

🌡 温度：生长适温为13℃~24℃

💧 浇水：生长期每周浇水一次

特征简介　白刺金琥是多年生肉质植物。植株单生或丛生，高可达1.3米，直径可达1米；球形，茎亮绿色，有20~40棱，刺座较大，密生白色硬刺，球顶密生淡黄色绒毛；花钟形，金黄色，长3~4厘米；花期春季至秋季。

大龙冠

别　名	龙冠、太平球
科　属	仙人掌科金琥属
产　地	墨西哥和美国

☀ 光照：喜光照，夏季适当遮阴

🖌 施肥：生长期每半个月左右施1~2次
　　　复合粘稠肥液

🌡 温度：冬季保持温度在8℃以上

🝆 浇水：生长期保持盆土湿润，冬季保
　　　持干燥

特征简介　大龙冠是多年生肉质植物。植株单生或群生，高可达70厘米，幼时为圆球形，后长成长圆形，表皮为浅绿色，有波浪形的棱13~21个，刺座上有长刺4枚，红褐色，长7~9厘米，最长的刺向上弯曲，有周刺10枚，长5厘米，红色；花黄色；花期夏季。

多棱玉

别　名	多棱球
科　属	仙人掌科多棱球属
产　地	美国和墨西哥

☀ 光照：喜光照，夏季高温适当遮阴

🖌 施肥：每月施稀薄有机肥一次

🌡 温度：生长适温为15℃~25℃

🝆 浇水：每月向土壤浇水一次

特征简介　多棱玉是多年生肉质植物。植株中小型，单生，球形；球体绿色，有20~24条波浪状的薄棱；棱上有两个刺座，密生黄色绒毛和5枚黄白色长刺；花顶生，钟形，白色，花瓣粉白色，有淡紫色的细脉；果实被鳞片包围，内有黑色种子；花期春季。

多肉简介

景天科

番杏科

百合科

大戟科

龙舌兰科

仙人掌科

其他科

琴丝

别 名	琴丝球
科 属	仙人掌科长疣球属
产 地	墨西哥

☀ 光照：喜光照，忌高温暴晒

🍯 施肥：生长期每月施肥一次

🌡 温度：生长适温为20℃~25℃

💧 浇水：生长期保持盆土湿润

特征简介　琴丝是多年生肉质植物。植株群生，茎深绿色，圆筒形，密布圆锥形细长疣突，长1~2厘米；刺座着生2~8枚淡黄色周刺，细而弯曲，无中刺；花漏斗状，白色，有一条绿色中脉，花瓣长1~2厘米；花期夏季至秋季。

金星

别 名	长疣八卦掌
科 属	仙人掌科长疣球属
产 地	墨西哥

☀ 光照：喜充足的光照

🍯 施肥：生长期每月施肥一次

🌡 温度：生长适温为16℃~26℃

💧 浇水：春季至秋季每月浇水2~3次

特征简介　金星是多年生肉质植物。植株中小型，群生，单头为圆球形，球径为8~15厘米，密生棒状疣突，长2~7厘米，球表皮青绿色，肉质肥厚；刺座生于疣突顶端，有3~12枚黄褐色长刺，长1.5~2厘米，刺先端深褐色；花漏斗形，腋生于疣突间隙；花期5~9月。

龙神木缀化

别 名	龙神冠
科 属	仙人掌科龙神柱属
产 地	危地马拉、墨西哥

☀ 光照：喜充足的光照

🖐 施肥：生长期每月施肥一次

🌡 温度：生长适温为20℃~30℃

💧 浇水：生长期每周浇水一次

特征简介 龙神木缀化是多年生肉质植物。植株中型，呈不规则冠状；茎为山峦状或鸡冠状，扁化，厚8~10厘米，表皮为暗绿色，被有白粉；生有稀疏刺座，刺座上有红褐色周刺5~9枚，黑色中刺1枚；花漏斗状，白色；花期夏季。

太阳

别 名	无
科 属	仙人掌科鹿角柱属
产 地	墨西哥、美国

☀ 光照：喜充足的光照

🖐 施肥：生长期每月施肥一次

🌡 温度：生长适温为20℃~26℃

💧 浇水：春季至秋季每月浇水2~3次

特征简介 太阳是多年生肉质植物。植株中小型，单生，球形至圆筒形；茎中绿色，有12~23浅棱，刺座密生，着生节齿状刺，淡粉白色，尖部红色，有16~25枚周刺覆盖球体，球顶的刺为红色；花漏斗状，侧生，红色；花期夏季。

多肉简介

景天科

番杏科

百合科

大戟科

龙舌兰科

仙人掌科

其他科

太阳缀化

别　名	吾妻镜
科　属	仙人掌科鹿角柱属
产　地	美国、墨西哥

☀ 光照：喜光照，日照要充足

🥄 施肥：生长期每月施肥一次

🌡 温度：生长适温为22℃~26℃

💧 浇水：春季至秋季每10天浇水一次

 特征简介 太阳缀化是多年生肉质植物，是太阳的缀化品种。植株单生，不规则扇形或冠形；棱低浅，刺座中绿色，密生节齿状淡粉白色的刺，刺尖红色，有周刺16~25枚，刺覆盖球体，顶部的刺几乎全红；花侧生，漏斗状，红色；花期夏季。

少刺虾

别　名	鸡冠柱
科　属	仙人掌科鹿角柱属
产　地	墨西哥南部

☀ 光照：喜光照，夏季需要遮阴

🥄 施肥：生长期（夏季）每月施肥一次

🌡 温度：生长适温为15℃~25℃

💧 浇水：干透浇透

特征简介 少刺虾是多年生肉质植物。植株小型，球状或圆筒状，单生或丛生，表皮嫩绿色；有7~9棱，刺座为白色，着生中刺3~4枚，周刺5~7枚，白色，刺底部有时泛红色；花红色；花期春夏季。

紫太阳

别 名	红太阳
科 属	仙人掌科鹿角柱属
产 地	墨西哥北部

☀ 光照：喜光照，夏季需要遮阴

🖌 施肥：生长期（夏季）每月施肥一次

🌡 温度：生长适温为15℃~25℃

🫖 浇水：干透浇透

特征简介 紫太阳是多年生肉质植物。植株圆柱形，多单生；有16~26棱，表皮灰绿色，刺座着生周刺20~35枚，呈梳子状，幼刺为红色，随着时间会慢慢变成白色或灰色；花侧生，桃红色；花期春季。

乌羽玉

别 名	僧冠掌、红花乌羽玉
科 属	仙人掌科乌羽玉属
产 地	美国、墨西哥

☀ 光照：喜充足的光照

🖌 施肥：生长期每月施有机液肥一次

🌡 温度：生长适温为15℃~25℃

🫖 浇水：干透浇透

特征简介 乌羽玉是多年生肉质植物。植株易丛生，根肉质，萝卜状；茎单头为扁球形或球形，球径5~8厘米，暗绿色或灰绿色；有垂直竖棱或螺旋状棱，刺座稀疏，着生白色或黄白色绒毛；花小，漏斗形或钟形，淡粉红色至紫红色；花期春季至秋季。

多肉简介
景天科
番杏科
百合科
大戟科
龙舌兰科
仙人掌科
其他科

乌羽玉缀化

别 名	无
科 属	仙人掌科乌羽玉属
产 地	墨西哥、美国

☀ 光照：喜光照，日照要充足

🍃 施肥：生长期每月施有机液肥一次

🌡 温度：生长适温为18℃~24℃

💧 浇水：干透浇透

特征简介 乌羽玉缀化是多年生肉质植物，是乌羽玉的缀化品种。植株丛生，不规则生长，表皮浅蓝色，密布小型疣突；疣突上有稀疏的白色斑点；花小，钟状，红色；花期春季至秋季。

肋骨乌

别 名	肋骨乌羽玉
科 属	仙人掌科乌羽玉属
产 地	墨西哥

☀ 光照：喜光照，日照要充足

🍃 施肥：生长期每月施有机液肥一次

🌡 温度：生长适温为15℃~25℃

💧 浇水：干透浇透

特征简介 肋骨乌是多年生肉质植物。植株小型，扁球形或球形，表皮暗绿色或灰绿色；棱垂直排列，疣突形成肋骨般的横向褶皱，疣突顶端和球体顶部生有黄白色绒毛；花小，钟形或漏斗形；花期春季至秋季。

肋骨乌缀化

别　名｜无

科　属｜仙人掌科乌羽玉属

产　地｜墨西哥

☀ 光照：喜光照，日照要充足

🥄 施肥：生长期每月施有机液肥一次

🌡 温度：生长适温为15℃~25℃

🪣 浇水：干透浇透

特征简介　肋骨乌缀化是多年生肉质植物，是肋骨乌的缀化品种。植株小型，呈群生状，表皮暗绿色或灰绿色；棱垂直排列，疣突形成肋骨般的横向褶皱，疣突顶端和球体顶部生有黄白色绒毛；花小，钟形或漏斗形；花期春季至秋季。

翠冠玉

别　名｜无

科　属｜仙人掌科乌羽玉属

产　地｜墨西哥中部和美国南部

☀ 光照：喜光照，夏季适当遮阴

🥄 施肥：生长期每月施一次腐熟的稀薄
　　　　有机液肥

🌡 温度：最低生长温度为10℃

🪣 浇水：不干不浇，浇则浇透

特征简介　翠冠玉是多年生肉质植物。植株单生或群生，扁球形，直径可达15厘米，表皮翠绿色，有疣或无疣，棱较少，刺座上有茂密的白色绵毛；花生于球体顶端，淡黄色，花心黄色。

多肉简介

景天科

番杏科

百合科

大戟科

龙舌兰科

仙人掌科

其他科

银冠玉

别　名	疣银冠玉、黄花乌羽玉
科　属	仙人掌科乌羽玉属
产　地	墨西哥

☀ 光照：喜光照，耐半阴

🥄 施肥：生长期每月施肥一次

🌡 温度：最低生长温度为10℃

💧 浇水：耐干旱，中春至夏末适度浇水

特征简介　银冠玉是多年生肉质植物。植株扁球形，单生或群生；表皮蓝绿色或灰绿色，疣突为圆形，刺座着生黄色绒毛，顶部刺座密集，布满绒毛；花顶生，钟状，黄色；花期春季至秋季。

金晃

别　名	黄翁
科　属	仙人掌科南国玉属
产　地	巴西南部

☀ 光照：喜光照，忌高温暴晒

🥄 施肥：生长期每月施肥一次

🌡 温度：生长适温为15℃~25℃

💧 浇水：春夏季每月浇水2~3次

特征简介　金晃是多年生肉质植物。植株中型，株高60~70厘米，株径8~10厘米，圆柱形，分枝生于基部；有30左右细棱，密生刺座；刺座着生黄色细针状中刺3~4枚，长4厘米，15枚黄白色刚毛状周刺，长约0.5厘米；花顶生，黄色；花期夏季。

英冠玉

别 名	莺冠玉
科 属	仙人掌科南国玉属
产 地	巴西高原地区

☀ 光照：全日照，盛夏适当遮阴

🖐 施肥：生长期每月施肥一次

🌡 温度：不耐寒，生长适温为18℃~24℃

💧 浇水：耐干旱，春夏季每两周浇水一次

特征简介 英冠玉是多年生肉质植物。植株单生或丛生，球形至圆筒形；表皮蓝绿色，有11~15棱，刺座着生红褐色中刺8~12枚，毛状周刺12~15枚，黄白色，顶部毛刺密集；花漏斗状，黄色；花期夏季。

英冠玉锦

别 名	莺冠锦
科 属	仙人掌科南国玉属
产 地	巴西高原地区

☀ 光照：全日照，盛夏适当遮阴

🖐 施肥：生长期每月施肥一次

🌡 温度：不耐寒，生长适温为18℃~24℃

💧 浇水：耐干旱，春夏季每两周浇水一次

特征简介 英冠玉锦是多年生肉质植物。植株单生或丛生，球形至圆筒形；表皮蓝绿色，有黄色的不规则斑块，有11~15棱，刺座着生红褐色中刺8~12枚，毛状周刺12~15枚，黄白色，顶部毛刺密集；花漏斗状，黄色；花期夏季。

多肉简介

景天科

番杏科

百合科

大戟科

龙舌兰科

仙人掌科

其他科

雪光

别 名	无
科 属	仙人掌科南国玉属
产 地	巴西

☀ 光照：喜光照，夏季高温注意遮阴

🥄 施肥：全年施肥3~4次

🌡 温度：生长适温为16℃~25℃

💧 浇水：春夏季每月浇水2~3次

特征简介 雪光是多年生肉质植物。植株小型，扁圆形至圆球形，单生，球径约10厘米，青绿色；球体有小疣突组成的螺旋形的棱，28~30棱；疣突顶端有刺座，着生白色绒毛，白色刚毛状周刺20~25枚，3~5枚中刺，白色；花漏斗状，橙红色至红色；花期冬季。

白小町

别 名	无
科 属	仙人掌科南国玉属
产 地	巴西

☀ 光照：喜光照，夏季适当遮阴

🥄 施肥：生长期每月施肥一次

🌡 温度：生长适温为15℃~25℃

💧 浇水：生长期（夏季）干透浇透

特征简介 白小町是多年生肉质植物。植株单生或群生，圆球形至圆筒形，高10~25厘米，球径6~10厘米；表皮暗绿色，有30~35棱，疣突细小，刺座着生白色中刺3~4枚，白色周刺40枚；花顶生，黄色，花径4厘米；花期春夏季。

武烈柱

别　名	荒狮子、武烈球、长毛武烈球
科　属	仙人掌科刺翁柱属
产　地	南美安第斯山

☀ 光照：喜充足的光照

🖌 施肥：生长期每月施肥一次

🌡 温度：生长适温为15℃~30℃

💧 浇水：春夏季每周浇水一次

特征简介 武烈柱是多年生肉质植物。植株多单生，圆球形至圆柱形，黄绿色或绿色；棱较厚，生有稀疏的黄褐色长刺，尖且硬，全身密被白毛，长8~10厘米，形似狮子的头部；花单生，漏斗状，红色；花期夏季。

鹤巢丸

别　名	凛烈丸
科　属	仙人掌科瘤玉属
产　地	墨西哥

☀ 光照：喜光照

🖌 施肥：生长期每月施肥一次

🌡 温度：生长适温为15℃~28℃

💧 浇水：生长期每周浇水一次

特征简介 鹤巢丸是多年生肉质植物。植株单体为扁球形，深绿色；茎干有18~24棱，棱为波浪状，上有稀疏的白色刺座，刺座上着生5~7枚针形中刺和1枚剑形长刺，均为木质黄色；花粉红色。

多肉简介

景天科

番杏科

百合科

大戟科

龙舌兰科

仙人掌科

其他科

昙花

别　名｜琼花、韦陀花

科　属｜仙人掌科昙花属

产　地｜危地马拉、墨西哥

☀ 光照：喜半阴，夏季适当遮阴

🍃 施肥：生长期每月施肥2~3次

🌡 温度：生长适温为15℃~25℃

💧 浇水：夏季保持盆土湿润

特征简介　昙花是多年生肉质灌木植物。植株大型，株高可达6米；茎圆柱状，多分枝，分枝生气根，老茎木质化；叶片深绿色，初时为披针形，渐长成长圆状披针形，边缘有深圆齿，基部渐尖，中肋粗大；花漏斗状，单生于枝侧的刺座中；花期6~10月。

令箭荷花

别　名｜孔雀仙人掌

科　属｜仙人掌科昙花属

产　地｜墨西哥

☀ 光照：喜光照，夏季高温适当遮阴

🍃 施肥：生长期每月施肥1~2次

🌡 温度：生长适温为20℃~25℃

💧 浇水：生长期每周浇水1~2次

特征简介　令箭荷花是多年生附生类植物。植株中型，群生灌木状，株高可达1米，茎直立，多分枝；主茎细圆，绿色，分枝呈令箭状，扁平；刺座着生黄白色细刺，长5毫米左右，并生有丛状绒毛；花从茎节两侧的刺座中开出，大型，花色有黄色、紫红色等；花期春夏季。

岩牡丹

别　名	七星牡丹
科　属	仙人掌科岩牡丹属
产　地	墨西哥北部

☀ 光照：喜充足的光照

🖌 施肥：生长期每月施肥一次

🌡 温度：生长适温为20℃~30℃

👋 浇水：生长期每月浇水2~3次

特征简介 岩牡丹是多年生肉质植物。植株根部肥大呈甜菜状，多单生，基部偶生仔球；地上茎呈莲座状，绿色或灰绿色，被有白粉，有三角形疣状凸起，表面平滑，疣突顶端附生乳白色绒毛；花顶生，钟状；花期夏末至秋初。

怒涛牡丹

别　名	怒涛花牡丹
科　属	仙人掌科岩牡丹属
产　地	墨西哥

☀ 光照：喜全日照

🖌 施肥：生长期每月施肥一次

🌡 温度：喜温暖，能耐5℃的低温

👋 浇水：生长期（秋季）每两周浇水一次

特征简介 怒涛牡丹是多年生肉质植物，是花牡丹的变种。植株呈叠状生长，灰绿色，株幅17~20厘米；疣突为三角形，表面上有瘤状凸起，腋部有浓密的黄白色绵毛；疣突顶端附生白色绒点；花顶生，漏斗状，白色或淡粉色；花期秋季。

多肉简介

景天科

番杏科

百合科

大戟科

龙舌兰科

仙人掌科

其他科

龟甲牡丹

别 名	有生命的岩石
科 属	仙人掌科岩牡丹属
产 地	美国德克萨斯、墨西哥

☀ 光照：喜全日照

🥄 施肥：生长期每月施肥一次

🌡 温度：喜温暖，能耐5℃的低温

💧 浇水：生长期（秋季）每两周浇水一次

特征简介 龟甲牡丹是多年生肉质植物，是珍稀濒危物种。植株单生或丛生，呈垫状生长，球体直径10~15厘米；表皮深绿色，有三角形的疣突，疣突表面有龟甲状裂纹，中间有一条大裂纹，裂纹处生长白色绒毛，顶部扁平，有浓密的黄色或白色绒毛；花生于顶端，钟形，粉红色；花期夏季。

连山牡丹

别 名	连山
科 属	仙人掌科岩牡丹属
产 地	墨西哥

☀ 光照：喜全日照

🥄 施肥：生长期每月施肥一次

🌡 温度：喜温暖，能耐5℃的低温

💧 浇水：每两周浇水一次

特征简介 连山牡丹是多年生肉质植物。植株单生，圆柱形，呈垫状生长；表皮深绿色，有三角形的疣突，疣突表面有褶皱般的裂纹，中间有一条大裂纹，裂纹处生长白色绒毛，顶部扁平，有浓密的黄色或白色绒毛；花生于顶端，漏斗形，粉红色；花期夏季。

龙角牡丹

别 名	无
科 属	仙人掌科岩牡丹属
产 地	墨西哥北部

☀ 光照：喜全日照

🖌 施肥：生长期每月施肥一次

🌡 温度：喜高温

💧 浇水：每周浇水一次，冬季减少浇水

特征简介 龙角牡丹是多年生肉质植物，是三角牡丹的变种。植株单生，球状或扁球状，深绿色或翠绿色，有萝卜状巨大块根；疣突呈三角长条状，刺座位于疣粒基部，幼时有刺，疣粒基部生有白色绒毛；花生于顶端，漏斗形，紫红色；花期秋冬季。

三角牡丹

别 名	无
科 属	仙人掌科岩牡丹属
产 地	墨西哥北部

☀ 光照：喜柔和的光照

🖌 施肥：生长期每月施肥一次

🌡 温度：可以耐5℃的低温

💧 浇水：不干不浇，浇则浇透

特征简介 三角牡丹是多年生肉质植物，濒危种。植株单生，扁球形或莲座状，深绿色或翠绿色，巨大块根，疣突呈三角长条状向上翘起，幼时有刺，疣粒基部生有白色绒毛；花生于顶端，漏斗形，黄色或黄白色；花期秋季。

多肉简介

景天科

番杏科

百合科

大戟科

龙舌兰科

仙人掌科

其他科

青瓷牡丹

别 名	青磁牡丹、清磁牡丹
科 属	仙人掌科岩牡丹属
产 地	墨西哥

☀ 光照：喜光照

🥄 施肥：生长期每月施肥一次

🌡 温度：生长适温为15℃~30℃

💧 浇水：生长期每半个月浇水一次

特征简介 青瓷牡丹是多年生肉质植物。
植株单生或群生，有肥大块根；地上呈莲座状或榴莲状，顶端附生乳白色绒毛；疣突呈圆锥状或三角形，灰绿色，表面粗糙；花顶生，钟状；花期夏末至秋初。

青瓷丸疣牡丹

别 名	无
科 属	仙人掌科岩牡丹属
产 地	墨西哥

☀ 光照：喜光照

🥄 施肥：生长期每月施肥一次

🌡 温度：生长适温为15℃~30℃

💧 浇水：生长期每半个月浇水一次

特征简介 青瓷丸疣牡丹是多年生肉质植物，是青瓷牡丹的变种。植株单生或群生，有肥大块根；地上呈莲座状或榴莲状，顶端附生乳白色绒毛；疣突呈圆锥状或半球形，较青瓷牡丹肥大，蓝绿色，表面粗糙，有不规则沟纹；花顶生，钟状；花期夏末至秋初。

菜花牡丹

别 名	菜花龟甲牡丹
科 属	仙人掌科岩牡丹属
产 地	墨西哥

☀ 光照：喜全日照

🖐 施肥：生长期每月施肥一次

🌡 温度：喜温暖，能耐5℃的低温

💧 浇水：生长期（秋季）每两周浇水一次

特征简介 菜花牡丹是多年生肉质植物，是龟甲牡丹的变异品种。植株单生或丛生，呈垫状生长，形似菜花；球体表皮为深绿色，有三角形的疣突，疣突表面上有龟甲状裂纹，中间有一条大裂纹，裂纹处生有黄色绒毛，顶部扁平，有浓密的黄色或白色绒毛；花生于顶端，钟形；花期夏季。

黑牡丹

别 名	无
科 属	仙人掌科岩牡丹属
产 地	墨西哥

☀ 光照：喜全日照

🖐 施肥：生长期每月施肥一次

🌡 温度：喜温暖，冬季温度不低于5℃

💧 浇水：春秋季每两周浇水一次

特征简介 黑牡丹是多年生肉质植物，是珍稀濒危物种。植株中小型，单生，呈垫状生长；表皮为黑褐色，有三角形的疣突，疣突表面上有十字状大裂纹，裂纹处生有白色绒毛，顶部扁平，有浓密的黄色或白色绒毛；花生于顶端，漏斗状，粉红色；花期夏季。

多肉简介

景天科

番杏科

百合科

大戟科

龙舌兰科

仙人掌科

其他科

花牡丹

别 名	无
科 属	仙人掌科岩牡丹属
产 地	墨西哥

☀ 光照：喜全日照

🥄 施肥：生长期每月施肥一次

🌡 温度：喜温暖，冬季温度不低于5℃

💧 浇水：春秋季每两周浇水一次

特征简介 花牡丹是多年生肉质植物。植株中小型，单生，呈垫状生长；表皮为蓝绿色至灰褐色，有三角形的疣突，上部疣突向上翘起，疣突表面有小粒不规则疣状点；疣突腋间及顶部有浓密的黄色或白色绒毛；花生于顶端，漏斗状，白色或粉红色；花期夏季。

姬牡丹

别 名	无
科 属	仙人掌科岩牡丹属
产 地	墨西哥

☀ 光照：喜全日照

🥄 施肥：生长期每月施肥一次

🌡 温度：喜温暖，冬季温度不低于5℃

💧 浇水：春秋季每两周浇水一次

特征简介 姬牡丹是多年生肉质植物。植株小型，单生，圆球状；表皮为灰褐色，三角形疣突布满表面，上下相叠，疣中沟明显且下凹，疣沟及顶部有浓密的黄色或白色绒毛；花生于顶端，漏斗状，粉红色；花期夏季。

玉牡丹

别　名	无
科　属	仙人掌科岩牡丹属
产　地	墨西哥

☀ 光照：喜全日照

🖌 施肥：生长期每月施肥一次

🌡 温度：喜温暖，冬季温度不低于5℃

💧 浇水：春秋季每两周浇水一次

特征简介 玉牡丹是多年生肉质植物。植株中小型，单生，榴莲状或圆球状，呈垫状生长；表皮为灰绿色，有三角锥形的疣突，疣突表面密布褐色斑点；疣突腋间及顶部有浓密的黄色或白色绒毛；花生于顶端，漏斗状；花期夏季。

帝冠

别　名	帝冠牡丹
科　属	仙人掌科帝冠属
产　地	墨西哥

☀ 光照：喜充足的光照

🖌 施肥：生长期每月施肥一次

🌡 温度：生长适温为15℃~30℃

💧 浇水：生长期适度浇水，忌积水

特征简介 帝冠是多年生肉质植物。植株小型，单生，呈扁球状，球径可达20厘米，灰绿色；疣突为三角叶形，呈莲座状排列，疣突顶端有数根黄色长刺，背面有龙骨凸起；花顶生，短漏斗状，白色或略带粉红色，花径3~4厘米；花期5~8月。

多肉简介

景天科

番杏科

百合科

大戟科

龙舌兰科

仙人掌科

其他科

将军

别 名	将军柱、将军棒
科 属	仙人掌科圆筒仙人掌属
产 地	秘鲁

☀ 光照：喜充足的光照

🥄 施肥：生长期每月施肥3~4次

🌡 温度：生长适温为20℃~30℃

👋 浇水：见干见湿

特征简介 将军是多年生肉质植物。植株大型，株高2~4米，直立生长，多分枝；主茎粗约10厘米，表皮深绿色，生有稀疏白斑，茎节上有长圆形瘤突；叶片肉质，细圆柱形，无叶柄，长10厘米；刺座有1~2枚淡黄色的刺和少许的黄色钩毛；花红色；花期夏季。

菊水

别 名	无
科 属	仙人掌科菊水属
产 地	墨西哥

☀ 光照：喜充足的光照

🥄 施肥：生长期每月施肥一次

🌡 温度：生长适温为20℃~30℃

👋 浇水：春季至夏季每月浇水2~3次

特征简介 菊水是多年生肉质植物。植株单生，圆球形；茎肉质坚硬，表皮灰绿色，有圆锥状疣突螺旋排列形成的棱，12~18棱，疣突上着生白色刺座，刺座着生周刺1~5枚，白色毛状；花顶生，漏斗状，白色或淡黄色；花期夏季。

连城角

别　名	四角柱
科　属	仙人掌科天轮柱属
产　地	巴西

☀ 光照：喜光照，盛夏适当遮阴

🖐 施肥：生长期每月施肥一次

🌡 温度：生长适温为20℃~30℃

💧 浇水：生长期每月浇水2~3次

特征简介 连城角是多年生肉质植物。植株大型，株高4~5米，多分枝，体色深绿色；茎柱状，直径约10厘米，有4~5深棱，棱上有横肋；刺座着生5~6枚深褐色针状周刺，长1厘米，1枚中刺，长2厘米；花侧生，漏斗状，白色；花期夏季。

残雪

别　名	无
科　属	仙人掌科天轮柱属
产　地	巴拉圭

☀ 光照：喜光照

🖐 施肥：生长期每月施低氮素肥一次

🌡 温度：冬季温度不低于5℃

💧 浇水：冬季盆土保持干燥

特征简介 残雪是多年生肉质植物。植株分枝多，形似树状，茎为柱状，绿色至浅红色，有3~14棱，棱稍厚，棱上有绵毛状刺座，刺座上生有短刺；花宽杯状或漏斗状，白色或粉红色，夜间开放；花期夏季至早秋。

多肉简介
景天科
番杏科
百合科
大戟科
龙舌兰科
仙人掌科
其他科

残雪之峰

别 名	残雪冠
科 属	仙人掌科天轮柱属
产 地	巴拉圭

☀ 光照：喜光照

🥄 施肥：生长期每月施低氮素肥一次

🌡 温度：冬季温度不低于5℃

💧 浇水：冬季盆土保持干燥

特征简介 残雪之峰是多年生肉质植物，是残雪的缀化品种。植株分枝多，形似树状，茎为柱状或不规则鸡冠状，深绿色，有棱，棱上有绵毛状刺座，刺座上生有短刺；花宽杯状或漏斗状，白色或粉红色，夜间开放；花期夏季至早秋。

六角天轮柱

别 名	鳞片柱
科 属	仙人掌科天轮柱属
产 地	加勒比和南美洲

☀ 光照：喜光照

🥄 施肥：生长期每月施低氮素肥一次

🌡 温度：冬季温度不低于5℃

💧 浇水：冬季盆土保持干燥

特征简介 六角天轮柱是多年生肉质植物。植株大型，分枝多，呈树状，高达7米；茎干为圆柱状，直径10~20厘米，深绿色，有6直棱，刺座上有褐色毡毛，着生中刺1枚，周刺5~6枚；花侧生，漏斗形，白色。

山影拳

别　名	仙人山、山影
科　属	仙人掌科天轮柱属
产　地	南美洲北部、阿根廷东部及西印度群岛

☀ 光照：喜光照，耐半阴

🥄 施肥：基本不施肥

🌡 温度：生长适温为15℃~30℃

💧 浇水：每周浇水1~2次

特征简介 山影拳是多年生肉质植物。植株形似山峦，多分枝，暗绿色；茎石化状，圆柱形，不规则分布乳状疣突；刺座着生褐色长刺；花漏斗形或大型喇叭状，白色或粉红色，昼闭夜开；结红色或黄色果实，可食，内含黑色种子。

雪溪

别　名	无
科　属	仙人掌科多棱球属
产　地	墨西哥

☀ 光照：喜光照，夏季高温适当遮阴

🥄 施肥：生长期每月施肥一次

🌡 温度：生长适温为20℃~25℃

💧 浇水：生长期每月浇水2~3次

特征简介 雪溪是多年生肉质植物。植株小型，球形或扁球形，单生，深灰绿色；茎上有22~25薄棱，棱脊高，棱缘呈波浪状；刺座着生白色毛状周刺10~15枚、黄褐色中刺4枚及白色短绵毛；花顶生，白色，花径2厘米；花期早春。

315

鱼鳞球石化

别 名	星芒球石化、珍珠牡丹
科 属	仙人掌科龙爪球属
产 地	智利

☀ 光照：喜充足的光照

🥄 施肥：生长期每月施肥一次

🌡 温度：生长适温为20℃~25℃

💧 浇水：生长期适度浇水

特征简介　鱼鳞球石化是多年生肉质植物。植株群生，扁圆形或球形，基部易生侧球；球体灰褐色至墨褐色，质软，细小的棱锥形疣突呈螺旋状或斜形排列，刺座上着生白色毡毛和8~14枚白色周刺；花钟状，黄色；花期夏季。

雷血丸

别 名	无
科 属	仙人掌科龙爪球属
产 地	智利北部海岸线

☀ 光照：喜光照

🥄 施肥：生长期每月施肥一次

🌡 温度：生长适温为15℃~25℃

💧 浇水：耐干旱，生长期适度浇水，其余时间保持干燥

特征简介　雷血丸是多年生肉质植物。植株单生或群生，圆球形至圆筒形，高可达1米；表皮浅绿色，疣突形成的棱呈螺旋状排列，刺座上有白色绒毛，着生白色周刺，呈放射形；花生于顶部，铃状或碟状，黄色。

近卫柱

别 名	无
科 属	仙人掌科近卫柱属
产 地	玻利维亚、阿根廷

☀ 光照：喜光照

🖌 施肥：生长期每月施肥一次

🌡 温度：喜温暖，冬季注意保温

💧 浇水：耐干旱，每月浇水一次

特征简介 近卫柱是多年生肉质植物。植株大型，柱状；茎干蓝绿色，有分枝，有8~9直棱，刺座着生白色长刺1枚，长8厘米，周刺7~9枚，白色，长3~5厘米；花内瓣白色，外瓣绿色，夜间开放。

九尾狐

别 名	千年狐妖
科 属	仙人掌科管花柱属
产 地	南非

☀ 光照：喜光照

🖌 施肥：生长期每月施肥一次

🌡 温度：冬季要放在室内养殖

💧 浇水：夏季为生长期，需要充足浇水

特征简介 九尾狐是多年生肉质植物。植株为长柱状垂挂型，好似狐狸的尾巴，有9~10条，密布黄色或白色的长绒毛，最长可达2米。

多肉简介

景天科

番杏科

百合科

大戟科

龙舌兰科

仙人掌科

其他科

巨人柱

别 名	巨柱仙人掌、弁庆柱、萨瓜罗掌
科 属	仙人掌科巨人柱属
产 地	美国、墨西哥

☀ 光照：喜光照

🥄 施肥：生长期每月施肥一次

🌡 温度：生长适温为15℃~28℃

💧 浇水：耐干旱，干透浇透

特征简介 巨人柱是多年生肉质植物。植株大型，呈柱状，高可达15米，有分枝；茎干坚硬，灰绿色，有12~30直棱，刺座为灰褐色，有中刺3~6枚，周刺12~16枚，顶端无刺；花生于茎顶端附近的刺座上，钟状或漏斗状，白色，长8~12厘米；花期夏季。

老乐柱

别 名	无
科 属	仙人掌科老乐柱属
产 地	秘鲁

☀ 光照：喜光照

🥄 施肥：生长期每月施肥一次

🌡 温度：生长适温为15℃~28℃

💧 浇水：耐干旱，干透浇透

特征简介 老乐柱是多年生肉质植物。植株大型，高达2米，圆柱形，基部易生出分枝；茎干表皮为鲜绿色，有20~30直棱，刺座着生浓密的白色丝状毛，黄白色中刺1~2枚，黄白色周刺10~20枚，顶端白色绒毛多而密集；花侧生，钟形，白色；花期夏季。

花笼

别 名	皱棱球
科 属	仙人掌科皱棱属
产 地	墨西哥

☀ 光照：喜光照，耐半阴

🪣 施肥：生长期每月施肥一次

🌡 温度：生长适温为15℃~25℃

💧 浇水：耐干旱，春夏季每两周浇水一次

特征简介 花笼是多年生肉质植物。植株扁球形，单生或群生，单头直径为3~5厘米；茎浅绿色，表面有横向皱纹，有8~11棱，刺座密布短绵毛，白色，着生1~4枚短刺，刺软，浅黄色；花顶生，漏斗形，粉红色；花期春季至秋季。

辛顿花笼

别 名	信氏花笼
科 属	仙人掌科皱棱属
产 地	墨西哥

☀ 光照：喜光照，耐半阴

🪣 施肥：生长期每月施肥一次

🌡 温度：生长适温为15℃~25℃

💧 浇水：耐干旱，春夏季每两周浇水一次

特征简介 辛顿花笼是多年生肉质植物。植株小型，易群生，单头为扁球体至椭球体；茎灰绿色，有10棱，棱较花笼更薄，棱上有细而密集的褶皱；刺座着生白色绵毛；花顶生，漏斗形，粉色或粉白色；花期春季至秋季。

武伦柱

别 名	银毛柱
科 属	仙人掌科摩天柱属
产 地	墨西哥

☀ 光照：喜光照

🥄 施肥：生长期每月施肥一次

🌡 温度：生长适温为18℃~24℃

💧 浇水：生长期每半个月浇水一次

特征简介 武伦柱是多年生肉质植物。植株大型，圆筒状，高达12米，直径1米；表皮绿色，有10~16直棱，刺座着生10~20枚短刺，灰白色，随株体增大，刺增加至50枚；花白色。

银牡丹

别 名	松果仙人掌
科 属	仙人掌科斧突球属
产 地	墨西哥

☀ 光照：喜光照，不可暴晒

🥄 施肥：生长期每月施肥一次

🌡 温度：生长适温为13℃~28℃

💧 浇水：耐干旱，冬季保持干燥

特征简介 银牡丹是多年生肉质植物。植株单生或群生，球形或扁球形；表皮为绿色，疣突似斧头，呈螺旋状排列，刺座为细长虫形，着生白色细刺，排成梳篦状；花生于顶部。

月之童子

别 名	无
科 属	仙人掌科凤舞属
产 地	美国

☀ 光照：生长期需要充足的阳光

✋ 施肥：生长期每月施低氮素肥一次

🌡 温度：可以耐零下12℃的严寒

💧 浇水：春夏季适度浇水，其余时间保持干燥

特征简介 月之童子是多年生肉质植物。植株小型，单生或群生，圆筒状；茎表皮绿色，密布圆柱形疣突，疣突顶端有刺座，刺座着生1枚长刺，褐色，稍向下弯曲，周刺5~8枚；花钟状，白色；花期春季。

栉刺尤伯球

别 名	节刺尤伯球、梢极球
科 属	仙人掌科尤伯球属
产 地	巴西

☀ 光照：喜光照

✋ 施肥：生长期每6~8周施低氮素肥一次

🌡 温度：冬季需要维持较高的温度

💧 浇水：春季至秋季每周浇水一次，冬季减少浇水

特征简介 栉刺尤伯球是多年生肉质植物。植株大型，单生，球状至圆筒状，高达50厘米，表皮为深青灰色至红褐色，有15~18棱，刺座密集相连，着生深褐色中刺，呈栉齿状排列；花顶生，漏斗状，黄绿色；花期夏季；果实紫红色。

多肉简介
景天科
番杏科
百合科
大戟科
龙舌兰科
仙人掌科
其他科

子孙球

别 名	橙宝山
科 属	仙人掌科子孙球属
产 地	玻利维亚

☀ 光照：喜光照，夏季高温适当遮阴

🥄 施肥：每月施有机肥一次

🌡 温度：生长适温为20℃~25℃

💧 浇水：每月浇水2~3次，冬季控水

特征简介 子孙球是多年生肉质植物。植株小型，群生，单头为球形，球径1~3厘米，表皮绿色；球体有疣突排列生成的直棱或螺旋棱，疣突顶端生有刺座，刺座生有白色或灰色篦齿状短刺；花侧生，漏斗状，橙色或红色；花期3~5月。

紫王子

别 名	无
科 属	仙人掌科松球属
产 地	美国德克萨斯州

☀ 光照：喜光照

🥄 施肥：生长期每月施低氮液肥一次

🌡 温度：生长适温为10℃~25℃

💧 浇水：耐干旱，生长期适度浇水

特征简介 紫王子是多年生肉质植物。植株小型，易群生，单头为圆筒状；表皮绿色，无棱，密布小疣突，刺座着生16~20枚细小白刺；花粉白色或紫红色；花期夏季。

足球团扇

别 名	无
科 属	仙人掌科普纳属
产 地	阿根廷

☀ 光照：喜光照

🖐 施肥：每月施肥一次

🌡 温度：生长适温为18℃~25℃

💧 浇水：耐干旱，每两周浇水一次

特征简介 足球团扇是多年生肉质植物，十分罕见。植株小型，易群生，易生子球，圆球形；表皮蓝色或蓝绿色，无棱；密布小型疣突，疣突顶端有刺座，着生若干枚黄褐色短刺。

奇仙玉

别 名	麦迪逊白仙玉
科 属	仙人掌科白仙玉属
产 地	秘鲁

☀ 光照：喜光照，不可暴晒

🖐 施肥：生长期每月施肥一次

🌡 温度：不耐寒，冬季需要保持10℃左右

💧 浇水：生长期每两周浇水一次

特征简介 奇仙玉是多年生肉质植物。植株单生或群生，近似球状，高8~10厘米，株幅6~8厘米，表皮蓝绿色或暗绿色；具

有7~12棱，刺座黑色，小而稀疏，幼年时有刺数枚，灰色，老年株体仅顶部刺座有刺1枚；花顶生，长管喇叭状，鲜红色；花期初夏。

多肉简介

景天科

番杏科

百合科

大戟科

龙舌兰科

仙人掌科

其他科

白仙玉

别　名	无
科　属	仙人掌科白仙玉属
产　地	秘鲁

☀ 光照：喜光照，日照要充足

🥄 施肥：每月施肥一次

🌡 温度：生长适温为15℃~25℃

💧 浇水：耐干旱，生长期每两周浇水一次

特征简介　白仙玉是多年生肉质植物。植株多单生，细长球形或圆筒状，高达60厘米；刺座密集，初期着生黄绵毛刺，脱落后生白色长刺，随着年岁的增长，白刺颜色变为灰色，刺尖暗色；花生于球顶，漏斗形，中间有长筒，血红色，长6~8厘米。

茶柱

别　名	大王阁
科　属	仙人掌科茶柱属
产　地	美国、墨西哥

☀ 光照：喜光照

🥄 施肥：生长期每月施肥一次

🌡 温度：生长适温为18℃~30℃

💧 浇水：耐干旱，生长期每月浇水一次

特征简介　茶柱是多年生肉质植物。植株大型，高3米，粗18厘米；多为单生，圆柱状，黄绿色，有12~17棱，刺座上有褐色斑点，生灰黑色刺；花生于基部，粉红色，花边白色。

吹雪柱

别 名	无
科 属	仙人掌科管花柱属
产 地	玻利维亚山地

☀ 光照：喜光照

🖌 施肥：生长期每月施肥一次

🌡 温度：生长适温为15℃~25℃

🫖 浇水：春季至夏季每周浇水一次

特征简介 吹雪柱是多年生肉质植物。植株大型，单生，高达1.5米，直径6~7厘米；茎干有30棱，棱上刺座密生，刺座上着生密集的白色毛状刺，4枚黄色粗刺；花红色，小果状；花期春夏季。

大凤龙

别 名	无
科 属	仙人掌科大凤龙柱属
产 地	墨西哥中部

☀ 光照：喜光照

🖌 施肥：生长期每月施肥一次

🌡 温度：生长适温为18℃~25℃

🫖 浇水：生长期每两周浇水一次

特征简介 大凤龙是多年生肉质植物。植株单生，大型，圆筒状，高达2~3米，直径25~35厘米；表皮淡绿色，茎干有20~50直棱，刺座生有黄色刚毛和白色绵毛，中刺1枚，周刺7~9枚，均为黄色；花侧生，漏斗状，黄色或粉红色；花期夏季。

多肉简介

景天科

番杏科

百合科

大戟科

龙舌兰科

仙人掌科

其他科

大虹

别 名	无
科 属	仙人掌科长钩玉属
产 地	墨西哥北部及美国西南部

☀ 光照：喜光照

🍃 施肥：生长期每月施肥一次

🌡 温度：生长适温为10℃~28℃

💧 浇水：生长期每月浇水两次

特征简介 大虹是多年生肉质植物。植株球形至长圆筒形，直径13~15厘米，高达40~50厘米，单生，表皮鲜绿色，有13个凸起的高脊棱，斧状，刺座上有红色长刺1~3枚，黄白色短刺8~12枚；花大，生于顶端，漏斗状，黄色；花期夏季。

绯绣玉

别 名	无
科 属	仙人掌科锦绣玉属
产 地	阿根廷

☀ 光照：全日照

🍃 施肥：生长期每6~8周施低碳素肥一次

🌡 温度：喜温暖，冬季温度不低于5℃

💧 浇水：耐干旱，中春至夏末适度浇水

特征简介 绯绣玉是多年生肉质植物。植株单生，球形或圆筒形，顶部下凹，高15~20厘米，直径10~15厘米；表皮为绿色，疣突形成的棱呈螺旋状排列，有15~21棱，刺座白色，着生长刺3~4枚，周刺10~25枚，白色至红褐色；花漏斗状，黄色或红色；花期春夏季。

黄刺魔神

别 名	无
科 属	仙人掌科锦绣玉属
产 地	玻利维亚、阿根廷

☀ 光照：喜光照

🖐 施肥：生长期每两个月施低氮素肥一次

🌡 温度：喜温暖，冬季注意保暖

🫖 浇水：耐干旱，中春至夏末适度浇水

特征简介 黄刺魔神是多年生肉质植物，是魔神球的变异品种。植株单生，球形至圆筒形，高为15~20厘米，直径为10~15厘米；茎绿色，有13~21棱，呈螺旋状排列，刺座着生中刺4枚，其中较长的1枚向下弯曲，橙色，周刺10~15枚，浅黄色，顶部有密集的黄色短刺和中刺，中刺向下弯曲；花漏斗状，橙红色；花期春季。

金冠

别 名	无
科 属	仙人掌科锦绣玉属
产 地	南美洲

☀ 光照：喜光照

🖐 施肥：每月施稀薄有机肥1~2次

🌡 温度：生长适温为15℃~25℃

🫖 浇水：每月浇水一次，夏季浇水增多

特征简介 金冠是多年生肉质植物。植株单生或群生，球体或扁球体，绿色；球体有20~30整齐的直棱，棱上密生刺座，刺座着生放射状的金黄色小刺；花顶生，橘黄色略微发红；花期夏季。

多肉简介

景天科

番杏科

百合科

大戟科

龙舌兰科

仙人掌科

其他科

光山

别 名	龙舌兰仙人掌
科 属	仙人掌科光山属
产 地	墨西哥北部和中部

☀ 光照：全日照

🥄 施肥：生长期每1~2月施肥一次

🌡 温度：生长适温为18℃~25℃

💧 浇水：耐干旱，春末至秋初每两周浇
水一次

特征简介 光山是多年生肉质植物。植株
单生，高30~60厘米，根部似萝卜状，肉质肥厚；茎干土黄色，有三棱，疣突似叶片，
三棱柱形，长10~12厘米，上端稍细，绿色，呈螺旋状排列，刺座灰色，着生中刺1~2
枚，长达15厘米，周刺8~14枚，均淡黄色；花漏斗状，淡黄色；花期夏秋季。

娇丽石化

别 名	无
科 属	仙人掌科姣丽球属
产 地	墨西哥东北部

☀ 光照：喜光照

🥄 施肥：生长期每月施肥一次

🌡 温度：生长适温为15℃~25℃

💧 浇水：生长期每月浇水一次

特征简介 娇丽石化是多年生肉质植物，是娇丽的石化品种。植株小型，易群生，株幅
4~8厘米；茎干为绿色，密布不规则疣突，疣突上着生短小的白色绵毛，整体好似一块
带白色斑点的绿色大理石。

精巧殿

别 名	仙人斧
科 属	仙人掌科斧突球属
产 地	墨西哥新莱昂州

☀ 光照：喜光照

🖌 施肥：生长期每月施肥一次

🌡 温度：生长适温为13℃~28℃

💧 浇水：耐干旱，生长期盆土不宜过湿，冬季保持干燥

特征简介 精巧殿是多年生肉质植物，与精巧球外观相似，但属于不同品种。植株圆球形至椭圆球形，单生或丛生；表皮为绿色，疣突似斧头，呈螺旋状排列，刺座为细长虫形，着生白色细刺，排成梳蓖状；花生于顶端，钟状，淡粉红色，中脉红色；花期早春。

精巧球

别 名	青红球
科 属	仙人掌科斧突球属
产 地	墨西哥新莱昂州

☀ 光照：喜光照

🖌 施肥：生长期每月施肥一次

🌡 温度：生长适温为13℃~28℃

💧 浇水：耐干旱，生长期盆土不宜过湿，冬季保持干燥

特征简介 精巧球是多年生肉质植物。植株圆球形至椭圆球形，单生或丛生；表皮为灰绿色，疣突似斧头，呈螺旋状排列，刺座为细长虫形，着生灰白色细刺，排成梳蓖状；花生于顶端，钟状，紫红色；花期早春。

多肉简介

景天科

番杏科

百合科

大戟科

龙舌兰科

仙人掌科

其他科

精巧丸缀化

别 名	无
科 属	仙人掌科斧突球属
产 地	墨西哥

☀ 光照：喜光照

🥄 施肥：生长期每月施肥一次

🌡 温度：生长适温为13℃~28℃

💧 浇水：耐干旱，冬季保持干燥

特征简介 精巧丸缀化是多年生肉质植物，是精巧丸的缀化品种。植株单生或丛生，呈不规则扇形或鸡冠状；表皮为黄绿色，疣突似斧头，顶端刺座密生，呈细长虫形，生有灰白色细刺；花钟状，紫红色；花期早春。

长城丸

别 名	芜城丸、迷你牧师
科 属	仙人掌科姣丽球属
产 地	墨西哥

☀ 光照：喜光照

🥄 施肥：生长期每月施肥一次

🌡 温度：生长适温为15℃~25℃

💧 浇水：生长期每月浇水一次

特征简介 长城丸是多年生肉质植物。植株有大主根，易丛生，分枝多；茎干为球状至圆筒状，表皮绿色，有疣突形成的螺旋状棱，刺座为黄褐色，着生周刺14~20枚，刺贴近表皮，白色，形似蜘蛛；花黄色或黄绿色。

湘南丸

别 名	无
科 属	仙人掌科毛花柱属
产 地	阿根廷

☀ 光照：喜光照

🖌 施肥：生长期每月施肥一次

🌡 温度：生长适温为10℃~25℃

💧 浇水：生长期充分浇水，冬季减少浇水

特征简介 湘南丸是多年生肉质植物。植株为圆筒状，单生或群生；茎表皮为深绿色，有10~14棱，刺座基部为白色，着生6~18枚白色长刺，呈放射状；花红色或白色。

毛花柱缀化

别 名	无
科 属	仙人掌科毛花柱属
产 地	南美洲高山地带

☀ 光照：喜光照，夏季避免强光直射

🖌 施肥：生长期每月施肥一次

🌡 温度：喜温暖，冬季维持5℃以上

💧 浇水：生长期充分浇水，冬季减少浇水

特征简介 毛花柱缀化是多年生肉质植物，是毛花柱的缀化品种。植株大型，高达数米，基部多分枝；茎蓝绿色，圆柱状或鸡冠状，柱体上有疣突形成的6~8直棱，鸡冠上密布小型疣突，刺座着生若干枚黄褐色短刺；花大，顶生，白色，有香味。

多肉简介

景天科

番杏科

百合科

大戟科

龙舌兰科

仙人掌科

其他科

Part 8
其他科

红椒草

别 名	红叶椒草
科 属	胡椒科豆瓣绿属
产 地	秘鲁

☀ 光照：喜光照，耐半阴

🥄 施肥：生长期每20天施低氮素肥一次

🌡 温度：生长适温为14℃~30℃

💧 浇水：生长期充分浇水

特征简介 红椒草是肉质小灌木。茎直立，圆柱形，红色；叶片肉质，对生，椭圆形，形似豌豆荚，有凹槽，全缘，表面光滑，叶面绿色，背面红色；穗状花序，长15厘米，花黄绿色；花期夏末。

林德笑布袋

别 名	无
科 属	葫芦科笑布袋属
产 地	墨西哥北部

☀ 光照：喜光照，夏季适当遮阴

🥄 施肥：每月施肥一次

🌡 温度：生长适温为15℃~25℃

💧 浇水：耐干旱，忌积水

特征简介 林德笑布袋是多年生块根藤本植物。植株大型，株高2~3米，株幅约30厘米；茎基硕大，木质，膨胀如球状或石头状；枝为藤状，纤细，枝上有淡绿色卷须；叶片扇形，分三瓣，长4~12厘米，背面粗糙，有粗毛；花小，淡黄绿色，花径1厘米；花期夏季。

三裂史葫芦

别　名	无
科　属	葫芦科史葫芦属
产　地	马达加斯加

☀ 光照：较喜阴

🥄 施肥：每月施肥一次

🌡 温度：最低温度为10℃，生长适温为24℃~28℃

💧 浇水：耐干旱，忌积水

特征简介　三裂史葫芦是多年生肉质植物。株高20厘米，株幅约10厘米；茎基膨大如球状，木质，表面有裂缝，灰白色；顶端簇生纤细分枝，叶片三裂，有细毛，浅绿色；花小，黄绿色；花期夏季。

睡布袋

别　名	无
科　属	葫芦科睡布袋属
产　地	肯尼亚和坦桑尼亚

☀ 光照：喜光照，夏季适当遮阴

🥄 施肥：每月施肥一次

🌡 温度：生长适温为24℃~28℃

💧 浇水：耐干旱，忌积水

特征简介　睡布袋是多年生肉质块根植物。茎块部分外露在地表面，直径达1米，花瓶状，表面土黄色，有花纹，皮质坚硬，好似一块大石头，外形酷似放倒在地上的大布袋或大肚子；绿叶茂盛，呈倒五角形；花朵具有香味；花期春季。

多肉简介

景天科

番杏科

百合科

大戟科

龙舌兰科

仙人掌科

其他科

白马城

别 名	无
科 属	夹竹桃科棒棰树属
产 地	津巴布韦、南非

☀ 光照：全日照，夏季注意遮阴

🥄 施肥：生长期每4~5周施肥一次

🌡 温度：生长适温为18℃~32℃

💧 浇水：耐干旱，生长期2~3周浇水一次，
盆土稍湿润即可，冬季不浇水，
保持干燥

特征简介　白马城是茎干类多肉植物。幼时茎干上粗下细，表面银白色，叶片在茎端簇生，绿色，长4~8厘米，宽3厘米，形似伞状；成熟后植株块茎为酒瓶状，株高1.5~2米，株幅1米；分枝为细棒状，表皮银白色，枝上有稀疏的灰褐色长刺，3枚刺聚成一簇；花高脚碟状，淡红色或白色，中间有红色条纹；花期夏季。

棒槌树

别 名	光堂
科 属	夹竹桃科棒棰树属
产 地	纳米比亚

☀ 光照：喜光照

🥄 施肥：每月施肥一次，冬季为休眠期，
不用施肥

🌡 温度：生长适温为20℃~25℃，冬季温
度不低于15℃

💧 浇水：生长期每2~3周浇水一次，保持
盆土稍湿润，冬季休眠期不需要
浇水，保持盆土干燥

特征简介　棒槌树是树状肉质植物。茎高1.5~2米，不分枝，密生小刺，茎干呈棒槌形；茎顶簇生卵形至长披针形的叶片，叶缘平整或呈波浪形，雨季长叶，旱季叶片掉光；叶腋处开黄色花；花期春夏之交。

象牙宫

别 名	大象的脚
科 属	夹竹桃科棒棰树属
产 地	马达加斯加

☀ 光照：喜光照

🖎 施肥：每月施肥一次

🌡 温度：冬季温度不低于10℃

💧 浇水：生长期保持土壤稍湿润

特征简介 象牙宫是树状肉质植物。植株树干为酒瓶状，高1米；树干为灰白色，分枝为棒状，叶片簇生于枝干顶端，呈莲座状，叶片细长，形似菊瓣，暗绿色；花序高约30厘米，黄色；花期2~5月。

亚阿相界

别 名	非洲棒槌树、狼牙棒
科 属	夹竹桃科棒棰树属
产 地	马达加斯加

☀ 光照：喜光照，夏季适当遮阴

🖎 施肥：每月施肥一次

🌡 温度：冬季温度不低于10℃

💧 浇水：生长期每月浇水一次

特征简介 亚阿相界是多年生肉质植物。植株茎干长50厘米，宽约5~10厘米；绿色，圆柱状，表面有密集的白色长刺；叶片细长，簇生于茎端，长约30厘米，绿色，叶背有灰色短毛；花白色；花期夏季。

多肉简介

景天科

番杏科

百合科

大戟科

龙舌兰科

仙人掌科

其他科

非洲霸王树

别　名	马达加斯加棕榈
科　属	夹竹桃科棒棰树属
产　地	非洲

☀ 光照：喜光照，日照要充足

🪏 施肥：春秋季每15天施肥一次

🌡 温度：生长适温为18℃~25℃

💧 浇水：一般一周浇水一次

特征简介 非洲霸王树是多年生乔木状肉质植物。植株大型，株高4~6米，茎干圆柱形，褐绿色，不分枝或少分枝，茎表面密生短粗硬刺，3枚一簇；叶片翠绿色，集生于茎干顶部，长广线形叶，有尖头，长25~40厘米，叶柄及叶脉淡绿色；花高脚碟状，乳白色，喉部黄色，花径11厘米左右；花期夏季。

非洲霸王树缀化

别　名	无
科　属	夹竹桃科棒棰树属
产　地	安哥拉、纳米比亚

☀ 光照：喜光照

🪏 施肥：生长期每月施肥一次

🌡 温度：喜温暖，生长适温为15℃~28℃

💧 浇水：耐干旱，每周浇水一次

特征简介 非洲霸王树缀化是多年生肉质植物，是非洲霸王树的缀化品种。植株高大，高达6米，茎干圆柱状，上端变异成肉质扇形，褐绿色，表面密布3枚一簇的硬刺；茎顶丛生叶片，长广线形，顶端尖，翠绿色，叶脉及叶柄淡绿色；花白色。

白花鸡蛋花

别 名	无
科 属	夹竹桃科鸡蛋花属
产 地	亚洲热带及亚热带地区

☀ 光照：喜光照，日照要充足

🖐 施肥：每月施肥1~2次

🌡 温度：生长适温为20℃~26℃

💧 浇水：生长期每天晚上浇水1~2次

特征简介 白花鸡蛋花是多年生落叶小乔木。植株大型，茎干粗壮，带肉质，分枝多，绿色，有丰富的乳汁，无毛；叶长椭圆形或长圆状倒披针形，顶端短渐尖，肉质，长20~44厘米，宽6~11厘米，基部狭楔形，叶两面无毛，正面深绿色，叶背浅绿色；花顶生，聚伞花序，长15~25厘米，宽约10~15厘米；花白色；花期5~10月。

红花鸡蛋花

别 名	大季花、缅栀子、蛋黄花
科 属	夹竹桃科鸡蛋花属
产 地	墨西哥至委内瑞拉一带

☀ 光照：喜光照，日照要充分

🖐 施肥：每10天左右施腐熟液肥一次

🌡 温度：生长适温为23℃~30℃

💧 浇水：夏秋季每晚浇水1~2次

特征简介 红花鸡蛋花是多年生乔木状肉质植物。植株大型，株高5米，分枝多，枝干肥厚；叶片互生，多簇生于枝端，长椭圆形或阔披针形，绿色；花顶生，聚伞花序，冠漏斗状，裂片5枚，回旋覆瓦状排列，花径7~10厘米，粉红色或黄色，有芳香；花期5~11月。

多肉简介

景天科

番杏科

百合科

大戟科

龙舌兰科

仙人掌科

其他科

沙漠玫瑰

别 名	天宝花
科 属	夹竹桃科天宝花属
产 地	肯尼亚、坦桑尼亚

☀ 光照：喜光照，日照要充足

🥄 施肥：生长期每月施肥一次

🌡 温度：生长适温为20℃~30℃

💧 浇水：干透再浇，不宜过多

特征简介 沙漠玫瑰是多肉灌木或小乔木。植株大型，株高5米，树干膨大；叶互生，倒卵形至椭圆形，肉质，簇生于枝头，长达15厘米，全缘，先端圆，有叶尖，近无柄；花顶生，总状花序，花多，3~8朵，喇叭状或漏斗状，五裂，边缘波浪状，花瓣外面着生短柔毛，外缘红色至粉红色，中部色浅，长6~8厘米；花期5~12月。

绯冠菊

别 名	绯之冠、白银杯、白云龙、白银龙
科 属	菊科千里光属
产 地	南非、斯威士兰、津巴布韦、莫桑比克

☀ 光照：喜光照，夏季适当遮阴

🥄 施肥：每月施肥一次

🌡 温度：生长适温为15℃~25℃

💧 浇水：每月浇水一次

特征简介 绯冠菊是多年生肉质植物。植株多分枝，高50~80厘米，茎和枝均为绿色，有时略带紫色；茎干粗糙，有老叶掉落时留下的鳞片；叶片为倒卵形，呈莲座状，有少许白色粉末，叶长4~6厘米，宽2~3厘米；头状花序，高50~100厘米，小花，群生，黄色或橘红色；花期夏季。

京童子

别 名	西瓜草
科 属	菊科千里光属
产 地	未知

☀ 光照：喜光照，夏季适当遮阴

🥄 施肥：每月施肥一次

🌡 温度：生长适温为15℃~25℃

💧 浇水：每月浇水一次

特征简介 京童子是多年生肉质植物。植株匍匐生长，茎纤细，嫩绿色；叶片圆锥状或橄榄球状，肉质肥厚，有和西瓜一样的褐色纹理；花白色，花蕊红色。

翡翠珍珠

别 名	绿铃、翡翠珠、情人泪、珍珠吊兰
科 属	菊科千里光属
产 地	非洲

☀ 光照：喜半阴

🥄 施肥：生长期每月施肥三次

🌡 温度：生长适温为15℃~25℃

💧 浇水：耐干旱，宁干勿湿

特征简介 翡翠珍珠是多年生肉质草本植物。植株中小型，茎纤细，匍匐生长，深绿色；叶片圆球形，常年深绿色，互生，

有叶尖，肉质肥厚，似佛珠，被有白粉，有1~2道深色条纹；顶生头状花序，长4厘米左右，呈弯钩形，花白色至浅褐色；花期2月至次年1月。

多肉简介
景天科
番杏科
百合科
大戟科
龙舌兰科
仙人掌科
其他科

翡翠珍珠锦

别 名	佛珠锦
科 属	菊科千里光属
产 地	非洲

☀ 光照：喜半阴

🥄 施肥：生长期每隔10天施肥一次

🌡 温度：生长适温为15℃~25℃

🪣 浇水：耐干旱，宁干勿湿

特征简介　翡翠珍珠锦是多年生常绿匍匐性肉质草本植物，是翡翠珍珠的斑锦品种。茎纤细，全株被有白色皮粉；叶片圆心形，互生，深绿色，有白色或黄色底纹，肥厚多汁，似珠子；头状花序，顶生，长3~4厘米，呈弯钩形，花白色至浅褐色；花期2月至次年1月。

美空牟

别 名	蓝月亮、绿眸、美空眸
科 属	菊科千里光属
产 地	非洲

☀ 光照：喜光照，夏天适当遮阴

🥄 施肥：每月施肥一次

🌡 温度：生长适温为10℃~25℃

🪣 浇水：每月浇水一次

特征简介　美空牟是多年生肉质植物。茎干细长条状，深绿色；叶片轮生，细条状，弯曲，两端尖尖似月牙，绿色，有时为蓝绿色，阳光照射下有半透明的感觉；顶端呈莲座状；花小，有花梗，黄色。

新月

别 名	银棒菊
科 属	菊科千里光属
产 地	非洲

☀ 光照：喜光照，夏天适当遮阴

🥄 施肥：每月施肥一次

🌡 温度：生长适温为10℃~25℃

🫖 浇水：每月浇水一次

特征简介 新月是多年生肉质植物。植株茎短，易群生，在根部生出很多小侧芽，直立或匍匐生长；肉质叶轮生，呈低矮的莲座状，叶片呈棍棒状，长5~8厘米，稍扁平，顶端尖，颜色为银白色或银绿色，有密集的白毛；花小，有花梗，菊花状，黄色或白色。

新月缀化

别 名	无
科 属	菊科千里光属
产 地	非洲

☀ 光照：喜光照，夏天适当遮阴

🥄 施肥：每月施肥一次

🌡 温度：生长适温为10℃~25℃

🫖 浇水：每月浇水一次

特征简介 新月缀化是多年生肉质植物，是新月的缀化品种，叶片比新月更短，更显可爱。植株茎稍长，易群生，在根部生出很多小侧芽，匍匐生长；肉质叶簇生，呈莲座状，叶片倒卵形，长2~4厘米，顶端尖，颜色为绿色或黄绿色，顶端有红晕；花小，有花梗，菊花状，黄色或白色。

多肉简介
景天科
番杏科
百合科
大戟科
龙舌兰科
仙人掌科
其他科

紫蛮刀

别　名 | 紫金章、紫章
科　属 | 菊科千里光属
产　地 | 马达加斯加

☀ 光照：喜光照

🥄 施肥：每月施肥2~3次

🌡 温度：生长适温为15℃~22℃

🚿 浇水：忌积水，干透浇透

特征简介 紫蛮刀是多年生肉质植物。植株大型，株高80厘米，多分枝，绿色，略带紫晕，表面粗糙，有叶痕；叶片肉质，倒卵形，簇生于枝头，青绿色，有少许白粉，叶缘及基部均呈紫色，叶长6厘米左右，宽3厘米左右，阳光充足时叶面呈紫色；头状花序，高达1米，花小，朱红色或黄色；花期7~8月。

紫玄月

别　名 | 紫弦月、紫佛珠、紫葡萄、玉翠楼
科　属 | 菊科厚敦菊属
产　地 | 米比亚、南非

☀ 光照：喜光照，夏天适当遮阴

🥄 施肥：生长期一般每月施肥一次

🌡 温度：生长适温为15℃~28℃，冬季不低于10℃

🚿 浇水：生长期浇水干透浇透，夏季高温减少浇水

特征简介 紫玄月是多年生蔓性肉质植物。茎干细长，紫色，下垂或匍匐生长；叶片呈纺锤状，肉质肥厚，绿色，日照充足时绿色可以变为紫红色；头状花序，花小，黄色；花期秋冬季。

棒叶厚敦菊

别 名	非洲千里光
科 属	菊科厚敦菊属
产 地	纳米比亚、南非

☀ 光照：喜充足的光照

🍶 施肥：夏秋季施肥3~4次

🌡 温度：生长适温为18℃~25℃

💧 浇水：生长期适度浇水

特征简介 棒叶厚敦菊是多年生灌木状肉质植物。植株小型，多分枝，茎肉质，粗1~2厘米，分枝高低不一，无规则，灰绿色；茎部密集疣突，圆形，上生叶片；叶片肉质，圆锥状，两端渐窄，灰绿色，长4厘米左右；头状花序，顶生，花雏菊状，柠檬色；花期夏季。

马达加斯加龙树

别 名	无
科 属	龙树科龙树属
产 地	马达加斯加

☀ 光照：全日照

🍶 施肥：生长期每月施肥一次

🌡 温度：生长适温为10℃~25℃

💧 浇水：耐干旱，生长期每半个月浇水一次

特征简介 马达加斯加龙树是多年生肉质植物。植株大型，株高80~100厘米，株幅30~50厘米；叶片细长，披针形，长10~18厘米，横向生长，稍微向上弯曲，绿色，叶片之间有尖锐的长刺，灰白色，4~5枚为一簇；聚伞花序，花单生，黄绿色；花期夏季。

多肉简介

景天科

番杏科

百合科

大戟科

龙舌兰科

仙人掌科

其他科

斑叶球兰

别 名	锦红球兰
科 属	萝藦科球兰属
产 地	中国、缅甸、印度

☀ 光照：喜半阴，夏季高温适当遮阴

🥄 施肥：生长期每月施肥两次

🌡 温度：生长适温为15℃~25℃

💧 浇水：保持盆土湿润

特征简介 斑叶球兰是多年生蔓性肉质植物。植株多分枝，呈灌木状；茎细长而匍匐，有气生根，能在墙面和支柱上攀爬；叶片卵圆形，肥厚，有小叶尖，叶面中间有一条笔直的竖脉；叶色为黄绿色，夹杂白色和浅黄色的不规则斑块；伞形花序，形似仙女棒，花簇生于花茎顶端，10~15朵，花小，星形，花瓣厚，有蜡质，粉红色，有香气；花期5~9月。

大花犀角

别 名	臭肉花、海星花
科 属	萝藦科豹皮花属
产 地	南非

☀ 光照：喜半阴，忌强光暴晒

🥄 施肥：春秋季每月施肥两次

🌡 温度：生长适温为15℃~24℃

💧 浇水：生长期充分浇水

特征简介 大花犀角是多年生肉质草本植物。植株中小型，株高25厘米；茎四角棱状，粗壮，直立向上生长，高20厘米，基部分枝，棱上有白色齿状凸起，茎皮灰绿色，形如犀牛角；花大，星形，极像海星，五裂，淡黄色，有淡黑紫色的横斑纹，边缘密生黑紫色细长毛，有臭味；花期7~8月。

丽杯阁

别 名	无
科 属	萝藦科丽钟角属
产 地	纳米比亚、安哥拉

☀ 光照：喜光照，夏季适当遮阴

🍃 施肥：生长期每月施肥一次

🌡 温度：生长适温为25℃~30℃

💧 浇水：生长期每月浇水一次

特征简介 丽杯阁是多年生肉质植物。植株直立生长，高达1米，群生；茎干圆柱状，顶端圆润，绿色，类似于仙人柱，但更圆润，肉质；表面有10~12棱，棱形笔直，棱上有白色断刺，刺内端显粉红色；花黄色或粉色，有腐肉味，直径约8厘米；花期8~9月。

姬牛角

别 名	杂色豹皮花
科 属	萝藦科牛角属
产 地	非洲

☀ 光照：喜光照，夏季适当遮阴

🍃 施肥：生长期每月施肥一次

🌡 温度：最低生长温度为11℃

💧 浇水：耐干旱，怕积水

特征简介 姬牛角是多年生肉质植物。丛生，肉质，绿色，茎干造型奇特，呈四角状，像方形短鞭；每层四角各有一肉质断刺；花大，黄色，有黑色、紫色、红褐色等花斑；花期夏秋季。

金钱木

别　名	龙凤木、金币树
科　属	马齿苋科马齿苋属
产　地	南美、坦桑尼亚

☀ 光照：喜光照，夏季高温适当遮阴

🥄 施肥：生长期每周施肥一次

🌡 温度：生长适温为20℃~30℃

🤚 浇水：生长期浇水，干透浇透

特征简介　金钱木是多年生肉质草本植物。植株中型，株高80厘米，茎肥大块状，生于地下，直径7厘米左右；地上基部多分枝，有明显叶痕；羽状复叶，对生，12~20片叶片簇生于茎顶端；叶片革质，卵形，四季常绿，有金属光泽；穗状花序较短，花苞船形，绿色。

雅乐之舞

别　名	花叶银公孙树
科　属	马齿苋科马齿苋属
产　地	非洲南部

☀ 光照：喜充足的光照

🥄 施肥：生长期每月施稀薄液肥一次

🌡 温度：生长适温为15℃~25℃

🤚 浇水：不干不浇，浇则浇透

特征简介　雅乐之舞是多年生肉质植物。植株大型，株幅可达4米，多分枝，分枝水平生长，呈灌木状，嫩茎紫红色，老茎紫褐色；叶片倒卵形，肉质，交互对生，绿色，有不规则黄白色斑，新叶的边缘有粉红色晕；花小，淡粉色。

金枝玉叶

别 名	马齿苋树、长寿菜、不死草、银杏木
科 属	马齿苋科马齿苋属
产 地	南非

☀ 光照：喜充足的光照

🪣 施肥：生长期每月施肥一次

🌡 温度：生长适温为15℃~25℃

💧 浇水：生长期浇水干透浇透

特征简介 金枝玉叶是多年生肉质植物。植株大型，株高达3米，多分枝，呈灌木状；茎圆柱状，紫褐色至浅褐色，肉质，分枝近水平生长；叶片肉质，倒卵形，交互对生，长1~2厘米，宽1~1.5厘米，质脆，叶色四季常绿，表面光亮，叶缘带少许红色；花小，淡粉色，两性，对称生长。

吹雪之松锦

别 名	回欢草、春梦殿锦
科 属	马齿苋科回欢草属
产 地	纳米比亚

☀ 光照：喜光照，忌烈日暴晒

🪣 施肥：生长期每月施肥一次

🌡 温度：最低生长温度为零下5℃

💧 浇水：干透浇透

特征简介 吹雪之松锦是多年生肉质植物。植株小型，株高仅5厘米，呈莲座状；叶片肉质肥厚宽大，呈菱形或倒卵形；叶片表面为粉红色和绿色，叶背为橘红色，异常漂亮，叶腋间有白色丝状毛；花小，玫瑰色；花期夏季。

多肉简介

景天科

番杏科

百合科

大戟科

龙舌兰科

仙人掌科

其他科

断崖女王

别 名	无
科 属	苦苣苔科大岩桐属
产 地	巴西

☀ 光照：喜光照，夏季高温适当遮阴

🥄 施肥：每10天施薄肥一次

🌡 温度：生长适温为25℃~30℃

💧 浇水：见干见湿

特征简介 断崖女王是多年生肉质植物。植株小型，根部肉质，球状或甘薯状，有须根，表皮呈黄褐色；茎簇生于根部顶端，绿色，枝条状；叶片肉质，长椭圆形或椭圆形，交互对生，全缘，先端尖，绿色，叶面密布细小的白色短毛；花顶生，簇生，朱红色或橙红色，花筒较细，花瓣先端稍微弯曲；花期春末至秋初。

黑罗莎

别 名	黑皮月界
科 属	牻牛儿苗科龙骨葵属
产 地	南非、纳米比亚

☀ 光照：喜充足的光照

🥄 施肥：每月施肥一次

🌡 温度：冬季注意防冻

💧 浇水：保持土壤适度湿润

特征简介 黑罗莎是多年生灌木状肉质植物。植株中小型，株高20厘米，茎干粗壮，枝杈较矮，枝干直径2厘米，表皮黄褐色，有蜡质；叶细小，簇生，生有白色细毛，有短叶柄；花白色或粉色，花径2~3厘米。

碰碰香

别 名	一抹香
科 属	唇形科香茶菜属
产 地	欧洲、非洲

☀ 光照：喜充足的光照

🌱 施肥：生长期每月施肥一次

🌡 温度：生长适温为15℃~25℃

💧 浇水：见干见湿

特征简介 碰碰香是多年生亚灌木状草本植物。植株多分枝，茎纤细，匍匐状，密被细小的白色绒毛；叶卵圆形，肉质，交互对生，叶缘有钝锯齿，叶色为绿色，生有白色细绒毛；花小，白色。

象腿木

别 名	象腿树、象腿辣木
科 属	辣木科辣木属
产 地	北非、印度

☀ 光照：喜充足的光照

🌱 施肥：生长期每月施肥一次

🌡 温度：生长适温为20℃~30℃

💧 浇水：生长期充分浇水

特征简介 象腿木是多年生乔木状肉质植物。植株大型，株高达10米，株幅有4米，多分枝；主干圆柱状，肉质肥厚，表皮灰褐色，基部不规则膨大，似象腿；叶片为羽状复叶，四季常绿，细小，聚生于枝头；花序腋生，圆锥花序，花白色，花径2厘米；花期夏季。

多肉简介

景天科

番杏科

百合科

大戟科

龙舌兰科

仙人掌科

其他科

白雪姬

别 名	雪绢、白绢草
科 属	鸭跖草科鸭跖草属
产 地	危地马拉、墨西哥

☀ 光照：喜光照，夏季高温注意遮阴

🥄 施肥：生长期每月施肥一次

🌡 温度：生长适温为15℃~25℃

💧 浇水：生长期保持盆土湿润

特征简介　白雪姬是多年生蔓性草本植物。植株丛生，茎肉质，匍匐或直立，长20厘米左右，圆柱状，绿色，密被白色长毛；叶长卵形，互生，稍具肉质，绿色或褐绿色，长1.5~2厘米，宽0.5~1厘米，被有浓密的白毛，无叶柄；花顶生于茎，小花，淡紫粉色；花期夏季。

龟甲龙

别 名	南非龟甲龙
科 属	薯蓣科薯蓣属
产 地	墨西哥、南非

☀ 光照：喜光照

🥄 施肥：每月施肥2~3次

🌡 温度：生长适温为15℃~25℃，不耐寒

💧 浇水：生长期每10天左右浇水一次

特征简介　龟甲龙是多年生落叶藤本植物。根系庞大呈半球形，外皮浅褐色，龟裂成小块状或石堆状，形似龟甲；茎藤蔓状，绿色，下垂，长达2米；叶片为心形或三角形，较薄，绿色，单生；花簇生，细小，有10~15朵，有甜香味；花期夏季。

巨硫桑

别 名	树琉桑、岩琉桑
科 属	桑科琉桑属
产 地	索科特拉岛

☀ 光照：喜光照，避免强光直射

🥄 施肥：生长期每月施肥一次

🌡 温度：生长适温为15℃~25℃

🫖 浇水：生长期每周浇水一次

特征简介 巨硫桑是多年生肉质植物。植株高达1.2米，是琉桑属植物中植株最大的一种；茎干基部肉质膨大，直径可达1米；叶片为长卵形，绿色，叶脉明显，叶缘微呈波浪状，10~20片为一簇，呈花瓣状；隐头花序，花小，淡绿色，盘状或飞碟状；花期夏秋季。

多肉简介

景天科

番杏科

百合科

大戟科

龙舌兰科

仙人掌科

其他科

作者简介

王意成

中国环境科学学会植物园保护分会副秘书长
中国科学院植物研究所（南京中山植物园）园景处
处长
江苏省花木协会副理事长
高级工程师
花卉科普作家

　　曾在中国科学院植物研究所（南京中山植物园）工作40余年，任高级工程师，从事景观
植物种植资源的调查研究、引种栽培和规划设计等工作。退休后热心于园艺知识普及，投身
于园艺科普图书的创作，作品60余部，为多家刊物撰写花卉科普类文章近300篇。业余时间
热心、耐心地为园艺爱好者授课，普及养花知识。他的书不死板、不"学究"，没养过花的
人也能轻松读懂，字里行间都能体会到他对花的喜爱之情。

张 华

　　毕业于北京林业大学，长期在中国林业科学研究院
工作。在北京拥有占地2000平方米、1000多个品种的
多肉植物园艺场，园内还设有园艺学堂，开设了园艺培
训和插花培训等课程。现在是社团法人、中国花卉协会
会员，还担任《遇见美肉——园艺爱好》节目的讲师。
主要著作有《庭院树和花卉的养植技术》《多肉植物栽
培注意事项》《创意组合盆栽》等。